世界の食料安全保障

わが国の食料と農業を取り巻く国際環境

板垣 啓四郎

筑波書房

はじめに

　現在および将来にかけて、世界規模での食料不安がマスメディアなどで大きく取り上げられるようになってきた。食料不安自体は決して今に始まったわけではなく、以前からしばしば取り上げられてきた。最近では大気中の温室効果ガスの排出に起因した地球温暖化による気候変動、土壌や水など生産資源の劣化と汚染、森林資源の荒廃、水産資源の枯渇などに起因して、世界の農業生産が不安定化ないしは将来には状況がさらに悪化するのではないかと懸念されている。世界は農地や労働力、そしてエネルギーの制約にも直面している。さまざまな革新的イノベーションが創出されているにもかかわらず、農業の生産性はグローバルレベルでみて必ずしも順調に伸びているとはいえない。その一方で、サハラ以南アフリカなど後発途上国を中心とした人口の増加、開発途上国での家畜飼養頭羽数の増加に伴う飼料穀物需要の増加、穀類やイモ類のバイオエネルギーへの転換などにより、食料に対する需要は現在にもまして将来はさらに急増することが予想されている。

　農業生産が不安定化するなかで食料に対する需要が堅調に増加することを背景に、今後世界的な食料需給の逼迫と食料価格の上昇が予想され、それによって食料へのアクセスが容易でない事態に発展するのではという声もしばしば聞こえてくる。問題は、食料を輸出する国が限られている一方で輸入する国が多数にのぼること、また農業生産の豊凶によって輸出するときもあれば輸入するときもある国が存在するなど、国によって状況が大きく異なるということである。もし、何らかの事情によって輸出国が輸出を大幅に制限しまたバーゲニングパワーのあるいくつかの有力な国が輸入を増加させれば、たちどころに世界の食料価格は急騰し期末在庫量が減少する。そこにエネルギー価格の上昇なり輸送、貯蔵などの問題が加われば、その緊迫した状況に一層の拍車がかかるだろう。わが国のように食料自給率が低く多くを輸入食料に依存する国では、食料に対する不安が現実的な問題として目前に迫って

くる。

　したがって、わが国の食料と農業はいかにあるべきかを問う前に、世界の食料安全保障が現在どのような状況におかれており、また今後どのような状況へ変化すると予想されるのか、ある程度明らかにしておくことはきわめて重要な課題である。この場合には、特に、世界の食料輸出を主導するアメリカ、EU、カナダ、オーストラリア、ブラジルなどの諸国や地域、中国、インドなどの食料生産大国、グローバルサウスに広がる食料不足国に分けて、それぞれのグループにおける農業の展開、潜在力、抱えている諸課題、政策などを解題していきながら、グループごとの際立った特徴を整理していくことが肝要である。またこれらグループ諸国間の食料をめぐる貿易、海外投資、民間セクターの関わり、国際的な取り決めや政策協調、国際協力などの動きを見極めることも重要である。こうしたグローバルな食料と農業の動きをよく見極めるなかで、わが国の立ち位置や政策のあり方、そして将来の行く末が明らかになっていくであろう。

　以上のことを念頭におきつつ、本書では世界の食料安全保障について現状と課題、将来見通しを含めて明らかにするとともに、この状況のもとでわが国の食料と農業はいかにあるべきか、またわが国は世界の食料安全保障に何が寄与できるかを論じることにする。ここでは既存の知識や情報を整理するだけでなく、筆者による解釈を加え、可能なかぎり新たな問題の切り口や知見を創出することに心がける。

　本書の構成は次の通りである。第1章では、世界の食料安全保障に関わる基本的な構図と課題を整理するとともに、食料をめぐる諸国グループ間の貿易や海外投資を通した相互関係を明らかにする。第2章では、開発途上国における食料と農業の現状と課題を明らかにすることに続けて、農業開発の実践的枠組み、そのための条件整備と政策的誘導について述べる。第3章では、先進国における食料需給と農業の現状および課題、輸出国・地域としての国際市場への影響、食料安全保障に関わる戦略と政策について整理する。第4章では、世界の食料と農業をめぐる状況と変化の見通しを踏まえたうえで、

はじめに

　わが国の食料安全保障はいかにあるべきか、そして世界の食料安全保障に何が寄与できるかについて論じる。最後に全体を総括する。

　世界の食料安全保障は避けて通れないグローバルイシューであり、またわが国の食と農のあり方は日常の生活を左右しかねないほどの切迫した重要な政策課題である。課題の解決は決して容易ではないが、人々の理解と知恵、協力を得ながら前に進んでいくほかない。本書が少しでもそのための手助けとなることができれば望外の幸せである。

2024年7月

板垣啓四郎

目　次

はじめに ……………………………………………………………………… *iii*

第1章　世界の食料安全保障―その構図と課題― …………………… *1*
1-1　深刻な食料と栄養の不足 ……………………………………………… *1*
1-2　食料安全保障を脅かす要因 …………………………………………… *5*
1-3　世界の食料需給：今後の見通し …………………………………… *10*
1-4　世界の農産物貿易と海外農業投資 ………………………………… *18*

第2章　途上国における食料・農業の課題と対策 …………………… *27*
2-1　途上国における食料・農業の概観 ………………………………… *27*
2-2　地域別にみた食料と農業 …………………………………………… *33*
2-3　農業開発の意義と目的 ……………………………………………… *43*
2-4　農業開発の実践的枠組み …………………………………………… *47*
2-5　農業開発への条件整備と政策的誘導 ……………………………… *56*

第3章　先進国における食料・農業の課題と対策 …………………… *65*
3-1　先進国の範囲と食料・農業の特徴 ………………………………… *65*
3-2　食料と農業の現状と課題 …………………………………………… *68*
3-3　輸出国・地域としての国際市場への影響 ………………………… *77*
3-4　食料安全保障の戦略と政策 ………………………………………… *88*

第4章　わが国の食料安全保障―その課題と対策― ………………… *99*
ここまでの振り返り ……………………………………………………… *99*
4-1　食料安全保障に向けた政策指針 …………………………………… *100*
4-2　気候変動への技術対応とみどりの食料システム戦略 …………… *108*
4-3　政策の実現可能性 …………………………………………………… *113*
4-4　グローバル下の食料安全保障 ……………………………………… *121*

おわりに―総括に代えて― ……………………………………………… *133*

第1章　世界の食料安全保障
―その構図と課題―

1-1　深刻な食料と栄養の不足

　世界の食料安全保障が大きな関心事になってきている。そもそも食料安全保障とは、国連食糧農業機関（FAO）によれば「すべての人が、いかなる時にも、活動的で健康的な生活に必要な食生活上のニーズと嗜好を満たすために、十分で安全かつ栄養ある食料を、物理的、社会的及び経済的にも入手可能であるときに達成される状況」と定義されている。食料安全保障に不安があるとすれば、十分で安全かつ栄養に富んだ食料の入手やアクセスに問題をかかえている人々が存在し、しかもそうした人々の数が増えていることを意味している。

　FAOをはじめとするいくつかの国連機関が連携して毎年公刊している"The State of Food Security and Nutrition in the World 2023"（FAO et al., 2023a）によれば、図1-1で示すように2022年には世界の栄養不足人口（飢餓人口）が6億9,100万人から7億8,300万人の間にあると推定されており、中位値の7億3,500万人をCOVID-19パンデミック前である2019年の6億1,300万人と比較すれば、1億2,200万人も増加している。またその蔓延率（栄養不足人口／世界人口）は2019年の7.9％から2022年の9.2％へと上昇した。こうした状況が推移しているもとでは、SDGsが目標2に掲げる「飢餓をゼロに」はほど遠く、2030年においても6億人近くが慢性的な飢餓に陥っているだろうと推測されている。また重度・中程度の食料不安を抱える人口（資金などの不足により品質や量を減らさざるをえない食料不安をかかえ、さらには一時期飢えを経験している者）は24億人（世界人口の29.6％）にも達して

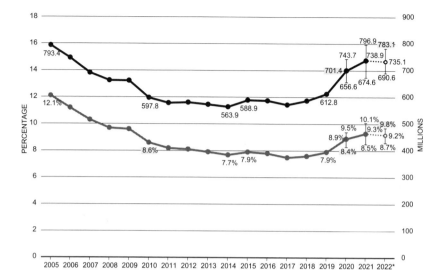

上の線は栄養不足人口（単位：100万人、右軸）、下の線は蔓延率（単位：％、左軸）

図1-1　世界の栄養不足人口と蔓延率の推移（2005－2022年）

注：2022年の推計値は点線により上限値と下限値で表される。
資料：FAO. 2023 FAOSTAT：連続した食料安全保障指数

いる。5歳未満の子どものうち1億4,810万人（子ども人口の22.3％）が発育阻害、4,500万人（同6.8％）が消耗症、3,700万人（同5.6％）が体重過多と推定されている。2021年では、31億人余りの人々が健康的な食事を手に入れることができないとされている。FAOによれば、2019年から2021年の間に健康的な食事のコストは世界的に6.7％増加しているといわれている。

　要するに、世界人口の4割近くが程度の差こそあれ、満足な食事ができていないのである。栄養不足は、特に妊婦や授乳婦などの女性、乳児や就学前の児童、高齢者、都市部よりも農村部に居住する住民に集中しており、健康、生命の維持や健全な就労に大きな障壁となっている。

　2022年の栄養不足人口を地域別にみると、アジア地域4億200万人、アフリカ地域2億8,200万人、ラテンアメリカおよびカリブ海地域4,300万人、その他地域800万人と推計されている。栄養不足人口はアジア地域で最も多い

第1章　世界の食料安全保障

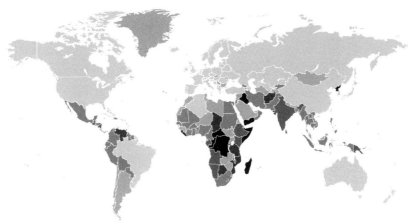

■ < 2.5%　■ 2.5–4.9%　■ 5.0–14.9%　■ 15.0–24.9%　■ 25.0–34.9%　■ > 35.0%　□ データなし

図1-2　国別にみた栄養不足人口比率の分布（2021年）
資料：WFP. Hunger Map 2021

が、人口に対するその比率（蔓延率）でみるとアフリカが20％であり、同地域では実に5人に1人が飢餓に直面している。世界食糧計画（WFP）から公表された図1-2に示すHunger Map 2021（WFP, 2021）によれば、栄養不足人口が全人口の35％以上を占める国は、アジア地域では北朝鮮、イエメン、イラク、アフリカ地域ではマダガスカル、ソマリア、ルワンダ、コンゴ民主共和国、コンゴ共和国、中央アフリカ、リベリア、ラテンアメリカおよびカリブ海地域ではハイチとなっている。年ごとに変動はあるが、概ねこれらの諸国が深刻な食料不足国といえるであろう。

こうした栄養と食料の不足には、多くの要因が相互に関係している。紛争による居住地からの強制退去、洪水・干ばつなどを常時引き起こす気候変動、深刻で容易に解決の見通しがつかない貧困、ジェンダーバイアスによる世帯レベルでの食料配分の偏り、低位で不安定な農業の生産性、COVID-19パンデミックの影響も加わった食料の貯蔵、加工、輸送や流通の停滞、生産から流通に至るサプライチェーン全体のコスト高によって招いている食料価格の高騰、栄養価の高い食料の入手困難などによるものである。このことが、脆弱な人々の食料の入手可能量、アクセス、利用、そして安定を大きく損なう

3

結果を招いている。資源の枯渇と自然環境の劣化、マクロ経済の不振などが、状況の悪化に拍車をかけている。

　FAOは、食料安全保障を決定づける4つの柱として、食料のAvailability（入手可能性）、Access（アクセス）、Utilization（利用）、Stability（安定性）を掲げているが、食料不足国はまさしくこれらの欠如に符合している。ここでいう入手可能性は食料の生産－分配－交換に関わる一連のプロセスを、アクセスは個人や世帯の選好に見合う食料が手ごろな価格で分配されることを、利用は食料の量と質が世帯内の個々人の配分に影響する要素を、そして安定性は食料が年間を通じて切れ間なく供給される能力を、それぞれ意味している。しかもこれらの柱の欠如は相互に密接に関係し合い、食料不安をさらに深刻化させる方向に作用している。

　開発途上国の農業生産は、農地、水など資源の制約、種子、肥料、農業機械など農業資機材の不足、必要な営農資金を調達し優れた農業技術へアクセスする能力の欠如により生産性が低く、しかも作柄が気候や季節に大きく左右されるために収穫量が不安定である。またたとえ収穫しても、収穫物を圃場から持ち運び、選別・洗浄し、パッキングする過程で、貯蔵し調整する施設がないために少なくない損失や損耗が生じてしまう。また貧弱な輸送や流通システムのために、市場へ出荷する過程でも損失や損耗が生じて、食料の供給が安定しない。不足する食料を余剰地から移送あるいは輸入によって補う方法もあるが、輸送インフラの不備や外貨の制限により決して容易ではない。しかも紛争が激化している状況のもとではますます困難となる。

　栄養と食料に不足する農家はその不足を市場から調達するほかないが、都市部の低所得層とともに貧困でかつ価格が高騰していることが購入する食料へのアクセスを大きく阻んでいる。またたとえ手ごろな価格で食料を購入できたとしても、栄養価が低く嗜好に合わなければ健康の維持に問題が生じるだろう。自給あるいは購入した食料は世帯内の個々の構成員の嗜好・選好や身体的成長、生理的ニーズに適って調理し配分されなければならないが、伝統的な社会慣習にしたがい家父長制のもとで食事の優先度が決められてしま

えば、食料の配分に大きな歪みが生じてしまう。また知識の不足により、食材の利用や調理の仕方、食事の配膳などが不適切で衛生的でなければ、食の安全性が問題となる。安全性が損なわれれば健康被害ともに食料が不適切な形で利用されてしまうことになり、食料とそれをつくる資源が無駄遣いされる。収穫後と次の播種期の間はいわゆる端境期となり、食料が不足して供給が不安定となりやすい。もし、前年の収穫が自然災害により不作で貯蔵も底をつき、あるいは紛争が長引いて耕作ができなければ、たちどころに飢餓が迫ってくる。

　こうした食料と栄養の不足を引き起こしている要因の解明は、その緩和策を考えるうえできわめて重要である。

　その後、世界食料安全保障委員会ハイレベル専門家会合では、FAOが唱える以上の4つの柱に、Agency（意思決定）とSustainability（持続性）を加えることが推奨された。意思決定は食料の生産から消費にいたるまでのフードシステムを個々人やグループが主体的に判断を下しまたフードシステムの政策や管理の形成に関与する能力を、持続性は将来世代のために長期的な視点から食料の安全保障と栄養を確保するフードシステムの能力に、それぞれ言及している。これら能力の向上は、人々やグループが栄養と食料の不足を与えられた状況と諦めるのではなく、むしろその解決のために判断し行動を起こす必要な条件といえよう。

1-2　食料安全保障を脅かす要因

人口の増加

　現在から将来にかけて世界の食料安全保障を脅かす要因としてはいくつか考えられるが、まず人口の増加が挙げられる。国連の推計[1]によれば、世界の人口は上限と下限の中間の推計値で2025年に81.9億人であるが、2030年には85.5億人、そして2050年には97.1億人に増加すると見通されている。2030年から2050年にかけて地域別にみた人口は、サハラ以南アフリカ地域が

14.2億人から21.1億人へと大幅な増加、中央・南アジア地域が21.5億人から25.8億人へと比較的小幅な増加、東・東南アジア地域が23.7億人から23.1億人へわずかな減少と推計されている。この間にサハラ以南アフリカ地域の世界人口に対する比率が16.6％から21.7％へと上昇する一方で、中央・南アジア地域と東・東南アジア地域を合わせたアジア地域の比率は52.9％から50.4％へいくらか低下する。特に栄養不足人口が多いサハラ以南アフリカ地域で人口の急増が予想されているのは記憶に留めておきたい。ちなみにヨーロッパ・北米地域の人口は2030年の11.3億人から11.2億人へとほぼ横ばいである。人口の大幅な増加はそれに見合う以上の食料供給の増加を必要とする。この増加する人口を養うためには、2050年に現在よりも60％の食料を増産しなければならないとされている。また栄養不足人口を特定していく場合には、その対象となる人々の年齢、性別、都市・農村別、世帯の特性と経済状況、市場へのアクセス、地域コミュニティのあり方などについて、細かく調査し分析していく必要がある。

紛争による混乱

　次に考えられるのは、紛争によって人々が生活の場を失うあるいは生活の場から追われるという事態である。現在でも、民族や部族、宗教、思想、政治などの違い、領有権や資源をめぐる争いなどによって国内や国境での紛争は絶えないが、今後ともその期間なり範囲、規模の大きさに違いはあるものの、いつまで続くのかまったく不明である。たとえ沈静化したとしても、いつまた勃発し再燃するかは予断を許さない。ひとたび紛争が起これば、食料や水の不足をはじめその影響は計り知れない。政治の安定は、生計と生活を持続させるうえで普遍的な前提条件である。さらには、遠く離れたところで展開されている戦闘が、自国の食料や農業資機材の安定確保に甚大な影響を及ぼす。その事例の一つがロシアによるウクライナ侵攻である。ロシア、ウクライナの両国ともに、世界の主要な小麦、大麦、トウモロコシ、ひまわり油の生産・輸出国であるが、ウクライナ産農産物は「黒海穀物イニシアティ

第 1 章　世界の食料安全保障

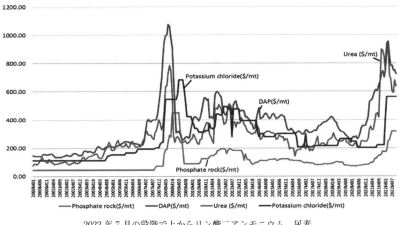

2022 年 7 月の段階で上からリン酸二アンモニウム、尿素、
塩化カリウム、リン酸塩岩の価格推移（＄/mt）

図 1-3　世界の肥料原料価格の推移（1960-2022 年、単位：US ドル /MT）

資料：World Bank, Global Fertilizer Market and Policies: A Joint FAO/WTO Mapping Exercise

ブ」[2]からのロシア離脱により海上輸送による輸出がむずかしくなり、陸路に頼らざるをえなくなった。これにより輸出が大きな制約を受けるとともに輸送コストが跳ね上がった。もとより戦禍の影響でウクライナにおける農業の生産規模は大幅に縮小している[3]。この結果、これら農産物の輸出価格は高騰し、ウクライナからの輸出に依存する諸国、例えば、トルコ、エジプト、チュニジア、エチオピア、イエメン、バングラデシュなどでは食料価格が高騰、外貨に乏しいサハラ以南アフリカ地域の諸国では深刻な食料不足を惹起する恐れがある。またロシアは、窒素肥料、カリ肥料、リン酸肥料の主要な製造国であり、その輸出は世界の肥料使用量の約25％を占めている。ところが、ロシアによるウクライナ侵攻により天然ガスの価格高騰と相まって肥料原料価格と肥料価格は史上最高水準に達し（図1-3）、農業生産コストと食料価格の上昇に連動した[4]。こうした動きが今後どのように推移していくのか不明であるが、食料不足国を中心としてそのインパクトはあまりにも大きい。

7

資源の枯渇と劣化

　資源の枯渇と劣化もまた、現在およびこれからの農業の持続的生産にとって大きな脅威である。世界の農地面積は2019年で1,244百万haであり、21世紀に入ってからの20年間で102百万ha増加した（Potapov. P et al., 2022）。この増加はアフリカと南米で生じており、特にアフリカで加速している。これは森林や自然生息地を農地に転換して造成されたものであり、その結果森林と自然生息地の減少を招いた。これ以上の農地拡大は自然生態系の加速的な破壊なしには進まないと考えられ、ほぼ限界に達しているものと推定される。この間の1人あたり農地面積は、人口の増加を伴ったことから10％も減少した。また既存の農地においては土壌の劣化が甚だしい。FAOによると、地球上の土壌の33％以上がすでに劣化しており、2050年までに90％以上の土壌が劣化する可能性があると伝えられている。土壌の劣化は、肥料や農薬の過度な投入、過耕作、同一作物の連作、少ない有機物の投入、農業機械による踏圧、アフリカにみられる休閑地の耕作への引き入れ、過剰な灌漑用水の使用など、多様で複合的な要因によるものである。

　水資源の枯渇と水質の悪化も、農地と並んで農業生産上の重要な問題である。水資源は、人口増加、地球温暖化、水をめぐる紛争などで枯渇しつつあり、現在24億人が水不足に直面する国と地域に居住している（Hunger Zero, 2023）。国連の推計によると、限りある水資源のなかで現在の水利用パターンに変化がなければ、2030年までに世界の水供給が40％不足すると予想されている。特に南アジアから中近東、北アフリカ、サヘル地域にかけての乾燥地帯の開発途上国では慢性的かつ深刻な水不足に直面しており、灌漑設備に乏しい小規模農家などが直接的な影響を受け、水不足が争いの一因ともなっている。水質と生態系の関係も大きな課題である。水質汚染は生態系の劣化をもたらし、淡水魚など水生の食料システムに依存する人々は貧困と飢餓に直面している。

地球温暖化

　水資源の枯渇とも関係して大量の温室効果ガスの大気中への排出によってもたらされる地球温暖化は、農業生産にとって大きな脅威の一つである。地球温暖化により大気中の蒸発散量が増加すれば、年降水量の変動が大きくなりまたそのパターンが変化して、地域によっては極端な豪雨とか少雨になる。豪雨は土砂や表土の流出を引き起こし、少雨は砂漠化の拡大を助長、場所によっては毛細管現象により土壌の表層に塩類が集積する。気温の上昇で作物や農地からの蒸発散量が増加すれば、単位面積あたりの水需要量が増加して水資源の枯渇に拍車をかける。また水温が上昇すれば、植物プランクトンが増殖するなどして水質の悪化につながる。加えて地球温暖化が深化していけば、海水が熱膨張あるいは両極の氷河が溶けて海面が上昇、塩水の混じった地下水の水位が上昇して農地が不毛化してしまう[5]。

　地球温暖化は水資源だけでなく土壌にも大きな影響を及ぼす。地球温暖化により微生物を介して土壌中の有機物の分解速度が速まり、土壌から排出される二酸化炭素の量が増加することが予想されている。現在でも土壌から排出される二酸化炭素の量は年間約3,600億トンと推定され、人間活動によって排出される二酸化炭素の量のおよそ10倍にも相当するといわれている。今後さらに排出量が加速的に増加すれば、二酸化炭素の吸収源である森林が二酸化炭素の排出源になってしまう可能性があるともいわれている（寺本, 2017）。このように地球温暖化は、水と土壌という農業生産に関わる重要な資源に対してネガティブなインパクトを与えると同時に、水資源の減少と土壌の劣化が地球温暖化を促す側面もある。これによって作物の品質や収量が低下するだけではなく、家畜はストレスにより、例えば、乳牛では牛乳の生産量が減り、肉牛では牛肉の生産量が減ったりする事態を招く。農業が起源となる地球温暖化についても、十分に留意しておかなければならない。このことについては、地球温暖化に起因する気候変動としてほかのところでも言及する。

以上、現在から将来にかけて食料安全保障を脅かす要素を、人口の増加、紛争の激化、資源の枯渇と劣化および地球温暖化の視点からみてきた。このうち人口の増加は食料需要の規模拡大につながることを、紛争の激化はフードサプライチェーン全体の機能を不全にすることを、資源の枯渇と劣化および地球温暖化は農業生産上の基盤を揺るがし食料の供給を不安定化することに、それぞれ対応している。このほかにも、COVID-19パンデミックで示されたような地球規模での深刻な感染症の広がり、病害虫の異常発生とか鳥インフルエンザといった家畜感染症および人畜共通感染症などの蔓延もまた、食料安全保障にとって重大な脅威であり、今後とも脅威となり続けるであろう。こうした食料安全保障を脅かす要素の程度いかんが栄養不足人口の増減に大きな影響を及ぼし、ひいては世界の食料需給の動向を左右することとなる。

1-3　世界の食料需給：今後の見通し

OECD-FAO農業見通し2023-32

　OECD-FAO Agricultural Outlook 2023-2032（「OECD-FAO農業見通し2023-32」）は、OECDとFAOが共同で中長期的な世界の食料需給見通しを毎年公表しているものであるが、執筆時点での最新データが2023年7月にリリースされた。その内容を要約しコメントを記した文献（小泉，2023）があるので、ここではそれに依拠してポイントのみを以下に記すことにする。それによれば、

① 世界の食料需要量は今後10年間に年平均1.3％増加するものの、増加率は過去10年間の伸びを下回ると予測。

② 世界の農作物生産量は今後10年間に年平均1％増加し、主として低・中所得国において増加すると予測。農作物生産量の増加率のうち79％は単収の増加、16％は耕作地の増加がそれぞれ寄与。

③ 世界の農産物貿易量（輸出量および輸入量）は今後10年間増加するも

のの、増加率は年率1.0％の増加にとどまる見込み。
④ 2020－22年の国際農産物価格は高値で推移したものの、実質価格ベースでは今後中長期的な下落傾向になるものと予測。

このように、2023－32年の10年間は世界において食料の需要量、農作物の生産量、そして農産物の貿易量ともに年率1.0－1.3％と控えめな増加にとどまり、また国際農産物価格も下落傾向となって落ち着いていくと見通されている。趨勢の予測は、現行の農業関連政策や経済社会情勢が継続する、予測期間中にこれまでの技術変化・消費構造および現行の各地域・諸国の農業・貿易政策が継続する、平年並みの天候が継続することに加え、入手可能な短期的な需給動向やマクロ経済の動向を踏まえたことなどを前提としている。

とはいえ、はたしてこの予測通りに推移していくかどうかについては疑問が残る。小泉は、「突然の農業・貿易政策の変更、異常気象の頻発、戦争の勃発、感染症・動物伝染病などの発生による不確実性が伴う不測の事態が生じることは避けられない。国際農産物価格をはじめとする見通しが変わる可能性があることに注意が必要」としている。恐らくはその見解の通りであろう。もっとも今回の見通しにおいては、化学肥料価格上昇シナリオによる各農産物価格への影響評価、食料ロスと食料廃棄の発生量の推計・予測、農産物・食品の輸出禁止措置が短期的および長期的なフードセキュリティに与えるリスクなども考慮されてはいるが、現実社会の単純化で捨象された部分は予測に反映されていないとする。

そこで、つぎに食料の需要と農業生産の増加を決定づける内部要因について明らかにし、今後の需給見通しを考察することにする。

食料需要の見通し

食料の需要、特に穀類の需要増加を決定づける要因として、人口の増加、堅調な経済成長、家畜の飼養規模や水産養殖の拡大に伴う飼料穀物の増加、バイオ燃料としての穀物の増加などが挙げられる。人口は、前述したように、サハラ以南アフリカ地域、中央・南アジア地域で高い増加率が見込まれ、こ

れに中東・北アフリカ地域でもいくらか増加するであろう。人口の増加は年齢や性別などを考慮したとしても確実に穀類の需要規模を拡大させる。低・中所得国では、高い経済成長率を背景に1人あたり所得が増加していくことが見込まれ、食料に対する需要パターンが高度化ないしは多様化して、特に肉類、乳製品および動物性油脂など畜産物の需要が増大するであろう。それを背景とした家畜飼養頭羽数の増加は飼料穀物の需要増加を促す。家畜の種類によって飼料－肉変換効率は大きく異なる（例えば12kgの飼料が1kgの牛枝肉に変換など）ことから、家畜飼養のあり方いかんによって飼料穀物の需要量は大きく変化する。肉類の需要は宗教や食文化に大きく左右されるので一概に所得の向上と比例して増加するとは限らず、飼料穀物の需要増加率には地域や国ごとに幅があるが、全体的な傾向としては増加の趨勢をたどるであろう。同じく魚種によって違いはあるものの、水産養殖の拡大は魚粉を含めエサとしての穀物需要を増加させる。ただし高所得国では畜産物に対する需要の伸びは次第に緩やかになっていくものと見通され、また先進国では健康志向もあって需要は飽和状態ないしは緩やかに減少に向かうと予想される。エネルギー源をバイオ燃料へ転換することで生じる穀物需要の動きは、石油など化石燃料との相対価格の変化なり政府主導の温室効果ガス排出量削減への取り組み方いかんによって大きく変動していくであろうが、OECD-FAO農業見通しによると、EUではパームオイル由来のバイオディーゼル生産が森林破壊につながるというリスク懸念から需要が制限、一方インドネシアやインドにおいては輸送用燃料需要の増加とバイオ燃料混合率の引き上げにより需要が緩やかに増加するものと見込まれている。

　食料の中心が穀類であることに違いはないが、その需要となれば、穀物、畜産物、水産物に加えて、野菜・果実、豆類、植物性油脂、各種の加工食品や調理済み食品、菓子や飲料などの嗜好品、サプリメントなどの栄養補助品、外食など、さまざまな農産物や食品、食に関わるサービスといったように大きな広がりをもつ。短期的に個人や世帯のレベルでは、所得の増減や価格の動きをみながら農産物や食品の組み合わせを考え、長期的には食料需要が多

様化し高度化していくであろう。都市化のさらなる進展もまた、食料需要のパターンに少なからず影響を及ぼすものと考えられる。その一方で、さまざまな理由により貧困から脱却できない個人や世帯では、食料需要パターンを変えていくとは考えられず、その消費が不十分なまま栄養不足の状態が持続し、全体の動きから取り残されてしまう。栄養不足は心身の発育や成長を大きく阻害し、適切に健康を維持することをむずかしくする。逆に、栄養不足の状態から食の摂取とパターンが改善された人々は、そこに食に関する教育や知識が伴わなければ、むしろ栄養過剰となって肥満など健康障害に直面することになる。高所得国や先進国では、健康に対する配慮から食の摂取とパターンにより慎重になっていくであろう。

いずれにせよ穀類を中心に食料の総需要量は、人口の増加を最も重要な要因としながら増加し続けていくだろう。

農業生産の見通し

農作物の生産量を決定するのは、農地面積と単位面積あたり生産量（収量）ということになるが、農地面積は拡大の余地がそれほど残されておらず、農業生産は収量の増加に依存していく傾向にある。

表1-1は、FAOの統計から引き出した作物生産の成長率の寄与率を収穫面積の拡大（耕作面積の拡大＋作物集約度の増加）と収量の増加に分けて示したものである。ここでいう作物集約度とは年間における収穫面積／耕作面積のことであり、年間における作物栽培の農地集約度を意味している。これより明らかなように、これまではアジア地域を除いて収穫面積の拡大と収量の増加がともに作物の生産に寄与してきたが、今後は一部の地域を除けば作物生産は収量の増加によって主導されていくものと考えられている。すでに収量増加の寄与率が高いアジア地域はいうに及ばず、サハラ以南アフリカ地域において収量の大幅な増加による寄与が想定されている。また作物生産の増加は天水地ならびに灌漑地でも収量の増加によってもたらされるとしている。世界全体の趨勢においても、すでに収量の増加が作物生産の増加に大きく寄

表1-1　作物生産の源泉別成長寄与率（％）

	耕作面積の拡大 (1)		作物集約度の増加 (2)		収穫面積の拡大 (1+2)		収量の増加	
	1961-1999	1997/99 -2030	1961-1999	1997/99 -2030	1961-1999	1997/99 -2030	1961-1999	1997/99 -2030
すべての開発途上国	23	21	6	12	29	33	71	67
中国を除く	23	24	13	13	36	37	64	63
中国とインドを除く	29	28	16	16	45	44	55	56
サハラ以南アフリカ	35	27	31	12	66	39	34	61
近東/北アフリカ	14	13	14	19	28	32	72	68
ラテンアメリカおよびカリブ海諸国	46	33	-1	21	45	54	55	46
南アジア	6	6	14	13	20	19	80	81
東アジア	26	5	-5	14	21	19	79	81
世界	15		7		22		78	
すべての開発途上国								
作物栽培－天水		25		11		36		64
作物栽培－灌漑		28		15		43		57

資料：FAO: World agriculture: Towards 2015/2030 An FAO Perspective

与している。

　とはいえ、収量の増加には、圃場基盤の整備、土壌の改良、水資源の確保と利用を前提にして、そこに立地条件に適した多収量・安定品種の導入、肥料・農薬など農業資材の投入、農業機械の利用、関連施設の設置やICTの導入が欠かせず、また新しい技術を駆使できる人材の育成、営農資金の提供など、さまざまな要素を適切な形で組み合わせていかなければならない。

　圃場基盤、灌漑など農業インフラの整備には莫大な投資を必要とし、また気候変動に対応した新品種などの技術開発、人材の育成、技術普及や融資などの制度設計と市場の見直し、その適切な運用には相応の長い時間を要する。化学肥料、農業機械など農業資機材の価格とデリバリーといった観点からの入手可能性も、それが今後どのように推移していくのか予断しがたい。とりわけ食料の増産と栄養面でみた食料の品質改善およびタイムリーなデリバリーを必要とするサハラ以南アフリカ地域と中央・南アジア地域では、収量増加への期待が大きい。

　世界全体からみれば、食料需要量の増加ならびに所得の増加、健康志向への高まりなどを背景とする需要パターンの変化に応じた農業生産の増産と食

料の確保が必要となるが、これを資源の枯渇と劣化、地球温暖化に伴う気候変動という外部環境の変化のなかで果たしていかなければならない。今後は、さらに資源の適切な利用と気候変動への対応を十分に考慮に入れた農業生産の展開が必要となる。

食料需給の見通し

　需要と供給の用語の使い方にこれまで十分に配慮することがなかったが、需要とはある商品を購入することであり、また供給とはある商品を販売しようとすることである。需要と供給は商品の市場経済を念頭においているが、食料の需要には、自家消費、近隣家族からの贈与、国内外からの補助などが除外され、食料の供給には、市場との取引がない自家仕向けの食料・農産物、近隣家族への贈与、自然から採集・捕獲した産物などは除外される。食料の需要と供給と記述している場合には、そのように理解していただきたい。

　「OECD-FAO農業見通し2023-32」では、前述したように今後10年間で世界の食料需要量と農作物生産量が年率1.0－1.3％で増加し、また世界の農産物貿易量も年率1.0％の増加にとどまる見込みと展望された。要するに、世界レベルでは市場での需給がほぼ均衡し、国際農産物価格も中長期的には下落の傾向を示していくと予測されている。しかしながら、食料需要量と農作物生産量を見通すかぎり、食料需要量は低・中所得国を中心に増加する趨勢にあるが、農作物生産量はサハラ以南アフリカ地域や中央・南アジア地域を中心に収量の向上を通じて増加するとしても、需要の増加にはたして農業生産が追随できるのかはいささか疑わしい。その理由はこれまで触れてきたことに尽きるが、世界の食料需給の見通しは、世界銀行、FAOなどの国際機関や関連機関および大学でさまざまに示されている[6]。

　世界銀行は2050年までの食料需給を見通すなかで、食料需要量は人口の増加と1人あたり所得の向上によって増加する見込みの低・中所得国の動向が重要な決め手となるが、現在から2050年にかけては、人口の増加よりも所得の向上が需要規模を次第に拡大させる要因になるだろうとしている。今後と

も低・中所得国の1人あたり所得の伸びが高所得国、先進国のそれを上回るというConvergence仮説が成り立つとすれば、需要の伸びが生産のそれを上回り、2050年までには世界の食料価格に上昇圧力が働くとしている（E. Fukase & W. Martin, 2017）。

やや古いデータであるが、2009年の時点で2050年を展望したFAOの報告（FAO, 2009）によれば、穀類に対する需要量は食用及び家畜用飼料を合わせて21億トンから2050年には30億トンに達するものと予測している。これにバイオ燃料としての需要量がどの程度追加されるかは不明であるが、多かれ少なかれ需要量の増加に寄与するであろう。一方、農業生産量は、人口の増加に見合うために2005/07年対比で2050年にはおよそ70％増加しなければならず、とりわけ開発途上国では倍増しなければならないとしている。この間に開発途上国では、穀類で10億トン、食肉は4.7億トンの増加が必要と予測されており、この結果、世界の穀類と食肉の総生産量が開発途上国に占める割合は合わせて58％から72％へ引き上がるとしている。開発途上国では不足する穀類を輸入で賄うため2050年までにおよそ3億トンを輸入、その量は消費量全体の14％に達するだろうと予測している。開発途上国では輸入依存度の高い国ほど穀類の自給率は低下するが、その一方で油糧種子、植物油、砂糖の輸出が大幅に増加するだろうとしている。予測した当時のFAO見通しは、2050年の人口をやや少なく見積もっている（91億人）ことから、現時点ではそれぞれの数値が上方へシフトしている可能性が高い。

このほかに、各国による食料需給見通しでは、例えば、わが国農林水産省は毎年「世界の食料需給見通し」を公表しているが、そのなかで2019年に『2050年における世界の食料需給見通し―世界の超長期食料需給予測システムによる予測結果』（農林水産省, 2019）が示されている。この予測結果のポイントだけを記すと、2050年には世界の食料需要量は人口増加と経済発展（特に低所得国）により2010年比で1.7倍増加、農業生産量の増加は収量の伸びにより達成、わが国の主要な農産物輸入先（北米、中南米、オセアニア、欧州）では農業投資の増加で生産量、輸出量ともにさらに増加、アフリカ・

中東では農業投資の増大により主要作物の生産量は増加するものの需要量の増加が生産量の増加を上回って純輸入量が大幅に増加、アジアでは米の生産量、輸出量は増加するが、食生活の多様化などに伴い小麦、大豆の需要量が増大して輸入量が増加する、などと見通されている。

またアメリカ農務省は、2050年に至るまでの間に世界の人口と所得の増加が食料・農産物の生産と消費にどのような影響を及ぼすのか、農業生産性の成長が食料価格と作物の栽培面積に及ぼす影響とは何か、また人口の成長にいくつかの仮定をおいた場合2050年までに世界の農業システムの規模はどのように影響されるのかを分析し、その結果を同省の主要な経済研究・分析の調査報告書であるEconomic Research Serviceに公表した（Ron Sands et al., 2023）。それによれば、2011-2050年間に、人口と所得の増加により食料需要量が39％増加するという想定のもとで農作物の生産量は47％増加、人口成長率が高く農業生産性の伸びが低ければ農作物の栽培面積が拡大し、人口成長率と農業生産性がともに高まれば作物の収量は大きく上昇、農作物の生産量は低い人口成長率のシナリオでは33％の伸び、高い人口成長率のシナリオでは61％の伸び、としている。

このように、世界の食料需給の見通しは、計測の期間、前提とする条件や計測モデルの違いなどにより各機関や国でさまざまであるが、おおよそ需要量の増加に生産量が歩調を合わせて増加する必要があり、その需給調整は価格の変動と輸出入によってなされるとしている。低・中所得国では需要の伸びが生産のそれを上回ることが想定され、その不足を主として先進国の農産物輸出国が輸出と農業投資で充足していかなければならないが、農業生産量が食料需要量の増加に追いつかない場合には、供給の不足と食料価格の上昇を招いてしまう。そこでは収量の増加が重要なカギを握ることになる。

1-4　世界の農産物貿易と海外農業投資

世界の農産物貿易

　農産物の貿易を通じて世界が輸出国と輸入国の間で相互に密接なつながりをもっていることはいうまでもないが、実際には関税や非関税障壁といった貿易政策、貿易に影響を及ぼす技術的障壁や衛生植物検疫措置などによって、自由貿易には一定の制約や制限が課せられている。また輸出国で不作が生じた場合の自主的な輸出規制、ロシアのウクライナ侵攻にみられる非常事態、輸入国における自国の農業を保護するための緊急避難的な輸入規制など、貿易政策によらない輸出入の規制が生じるケースが多々発生する。これらの貿易障壁を削減するための交渉は、世界貿易機関（WTO）を含むさまざまな場で協議されているが、自由貿易に向けた一律の国際的な取り決めがむずかしいため、二国間および多国間の貿易協定の枠組みに従って行われている。

　こうした貿易政策上のやり取りや諸々の規制があるにもかかわらず、実際上は輸出入の規模は年々拡大し、食料や農産物の過不足を貿易によって調整しているのが実態である。前述したように、サハラ以南アフリカなど食料の不足する諸国は輸入なしには需要に必要な量を確保できず、外貨不足などの理由で充足できない場合には援助に頼るほかない。一方で輸出国側でも過剰な農産物を輸出せずに国内に滞留させてしまえば、その保管や農業者への所得補償などに巨額の財政支出を余儀なくされる。輸出入を需給の調整弁としてそれぞれの国が食料の安全保障を確保しなければならないのである。

　それでは、農産物の輸出と輸入が地域別に2000年以降どのように推移しているのか、WTOが推定したデータをもとに作図した図1-4および図1-5をみてみよう（WTO, 2021）。ここで、図1-4は輸出額の動向を、図1-5は輸入額の動向を示したものである。

　図から示されるように、農産物の輸出と輸入は2000年から2021年の間に増加の趨勢をたどり、その額は2021年に輸出、輸入ともにほぼ1.4兆USドルに

第1章　世界の食料安全保障

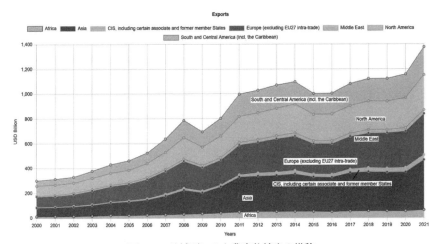

図 1-4　地域別にみた農産物輸出の推移

注：縦軸の単位は 10 億 US ドル、横軸は年次 2000-2021 年
　　農産物には、穀類のほか園芸農産物、原料農産物、加工品、半加工品などを含む。
　　地域は下から、アフリカ、アジア、独立国家共同体、ヨーロッパ、中東、北アメリカ、南米
　　およびカリブ海諸国の順である。
資料：WTO, Charts - World trade in agricultural products,
　　　https://www.wto.org/english/tratop_e/agric_e/ag_imp_exp_charts_e.htm
　　　（Accessed.Jan.22.2024）

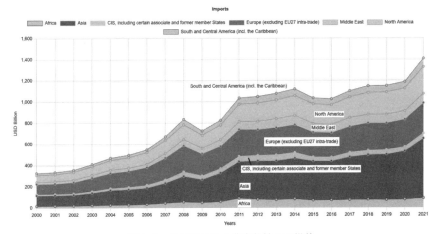

図 1-5　地域別にみた農産物輸入の推移

　　注：図 1-4 と同じ
　　資料：図 1-4 と同じ

19

図1-6　農産物輸出の国別分布（2021年）

注：単位は100万USドル
資料：図1-4、図1-5と同じ

達している。地域別にみてみると、輸出額のシェアは、アジア、EU、北米、南米において、輸入額のシェアは、アジア、EU、北米においてそれぞれその比率および伸びが高い。特にアジアの存在が大きくなっている。なお、EUではEU域内での取引は含まれていない。どの国で輸出額が大きいかといえば、図1-6で示されるように、アメリカ、ブラジル、カナダ、メキシコ、アルゼンチン、オーストラリア、ニュージーランドなどの新大陸国とEUであり、これにロシア、ウクライナなどの諸国が続いている。またアジアでは、中国、インドをはじめ、インドネシア、タイ、マレーシア、ベトナムで輸出額が大きい。逆に、アフリカや中東では、南アフリカを除いて輸出額が小さい。一方、輸入額では、中国、アメリカ、EU、日本、カナダ、メキシコ、韓国、インドの順で大きい。輸出額と輸入額がともに大きい国は、アメリカ、EU、中国、インドといった先進国・地域および新興国であり、これらの間で農産物の輸出、輸入が双方向で活発に展開されていることがうかがえる。

第1章　世界の食料安全保障

それでは具体的に、どういう農産物がどこから輸出されるかといえば、穀類では、EU、アメリカ、カナダ、アルゼンチン、タイなど、畜産物では、EU、アメリカ、ブラジル、オーストラリア、カナダなど、乳製品では、ニュージーランド、EU、アメリカ、オーストラリア、イギリスなど、野菜・果実では、EU、中国、アメリカ、メキシコ、トルコなど、砂糖類では、ブラジル、インド、EU、アメリカ、タイなど、油糧種子・油脂類では、ブラジル、インドネシア、アメリカ、マレーシア、アルゼンチンなど、そしてコーヒー・紅茶では、EU、ブラジル、スイス、アメリカ、ベトナムなど、である。

こうしてみれば、穀類、畜産物、乳製品、野菜・果実などの農産物は、限られた国や地域の間で輸出と輸入が活発に行われていることが理解できる。その一方で、食料・農産物が不足しがちな中東、アフリカ、中央アジアなどでは、もともと農業生産には不向きな自然生態的諸条件に加えて、紛争が長期化し、資源の枯渇と劣化が深刻化するなかで、思うように増産できる状況におかれていないところに、産油国など一部を除き外貨が不足して輸入食料・農産物を満足に調達できないのである。こうした状況をさらに助長しているのが地域間および国間を通じた農業投資の動向である。

世界の海外農業投資

海外農業投資といえば、中国などの新興国や中東諸国の民間投資家が、アジア、アフリカの農地を買収して自国向けの食料を確保するために、圃場基盤、灌漑設備、倉庫・物流施設などのインフラ投資を進め、そのことが投資受け入れ国の農業開発に資するという印象をもつ。投資国側ではこうしたインフラの整備や農業生産、農産物保管に関わるさまざまな企業体を自国やよその国から呼び寄せ、現地企業とのM&Aを含めてそこにさまざまなビジネスチャンスを創出し、Win-Winの関係を構築していくものと期待されている。とはいうものの、実際には投資受け入れ国の雇用創出、現地での原材料や部品の調達にさほど寄与しないとか、現地の食料需要に配慮した農作物の選択

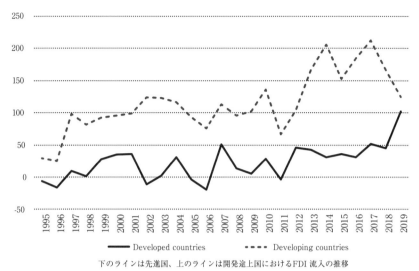

下のラインは先進国、上のラインは開発途上国におけるFDI流入の推移

図1-7　農業への外国直接投資：流入フロー（1995-2019, Millions of dollars）

注：データはFAO Foreign Investment データベースに基づいてBerna Dogan が計測した。
資料：Berna Dogan（2022），Does FDI in agriculture promote food security in developing countries? The role of land governance, TRANSNATIONAL CORPORATIONS 29(2)

や農地、水資源の持続可能な利用がなされずに、投資による社会・環境への影響が大きいという声もしばしば聞かれる（江藤，2012）。

　FAOの外国投資データを用いて1995年から2019年の間における農業への外国直接投資（FDI）流入フローの動きを追跡したBerna Doganの論文によれば（Berna Dogan, 2022）、FDI流入フローは、図1-7で示すようにこの間に大きな変動を繰り返しつつも、2011年を境にそれまでの停滞傾向から以降は増加の基調にある。FAOの最新データによれば、FDI流入額は2022年で1.35兆USドルに達している[7]。とはいえ、最近ではCOVID-19パンデミックによる影響でその伸びが減速しているとも伝えられている。この図からもう一ついえることは、FDI流入フローが開発途上国において先進国を一貫して上回ってことである。投資の対象と規模およびそれによる影響が、地域や国によって大きく異なるのはいうまでもない（図1-8）。とりわけ東アジア・

第 1 章　世界の食料安全保障

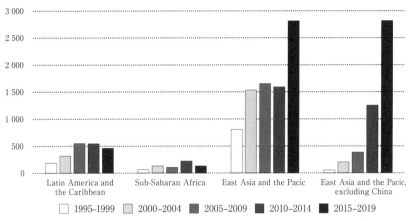

図1-8　農業への外国直接投資：地域別（1995-2019, Millions of dollars）
注：図1-7 と同じ
資料：図1-7 と同じ

太平洋地域ではFDIの流入フローが急増して、同地域の農業発展に大きな役割を果たした。この期間の前半では中国へ、後半には東南アジア諸国へ投資が流入していった。この地域に投資が集中していったのは、高い経済成長率、投資を呼び込むほどのしっかりした制度と政府による民間投資家へのインセンティブ供与、そして豊かな農業資源のポテンシャルを有していたからにほかならない。具体的には、インドネシアとマレーシアでは大規模エステートでのオイルパームの栽培に、タイとベトナムでは小農によるコメや野菜・果実、ベトナムではコーヒーの栽培に外資が流入した。逆に、中国への流入は、最近では大幅に減速していった。

これに対して、サハラ以南アフリカ地域では農業へ外資の流入を引き寄せるほどの魅力に乏しかった。そうしたなかで同地域の各国政府は、農村貧困の削減と飢餓解消のためには農業開発の振興が重要と唱え[8]、農業・農村部門に外資を呼び込むためのインセンティブを与えて、多国籍企業の受け入れに熱心な姿勢をみせている。またラテンアメリカおよびカリブ海地域では、例えばブラジルにおいてバイオ燃料確保のための作物生産、家畜の放牧、木

23

材の伐採、カーボン取引拡大などで農地の大規模な新規開拓に外資が向かった。しかしながら、このことが土着の伝統的なコミュニティとの間で激しい軋轢を生み出したのも事実である（Berna Dogan, 2022）。ブラジルに限らないが、開発途上国では、土地や水、森林などの資源管理とか資源の利用はコミュニティのなかで伝統的な社会慣習や制度に沿って代々受け継がれてきた。外国投資家の要望を受け入れるために現地政府による土地収用がさまざまに問題を引き起こしている。

　ともかくも開発途上国では地域および国によって、FDI流入額とそれが向かう対象あるいは投資環境が異なり、その結果としてアジア・太平洋地域の発展とほかの地域の停滞という格差が生じた。そしてこのことが、農業発展と農産物貿易実績の結果として現れたのである。しかしながら、FDIの流入は未利用地を含め土地の利用権や所有権を海外投資家に与え、土地が収用される小規模農家の営農を不安定なものとし、また水資源へのアクセスがむずかしくなることと相まって、貧困と食料確保の困難に拍車をかける恐れがある。グローバル経済や被投資国のマクロ経済の動向いかんでは、海外投資家が投資を引き上げる可能性もあり、それによって農業の発展が大きな影響を受けることは避けられない。

　ところで、海外農業投資をもう少し広く解釈して、フードサプライチェーンという観点から捉えていくアプローチもある。フードサプライチェーンとは、農産物の生産から、その加工、保管、輸送、流通、そして販売へと至り、最終的には消費者が農産物を生鮮、加工・調製あるいは外食などの形態で利用するその一連の流れ、さらにはフードサプライチェーンを構成する各部門間の相互連携関係を意味している。このフードサプライチェーンが円滑に機能していくためには、それぞれの部門で、開発された技術の導入と利活用、人材の発掘と育成、インフラの整備、資金の確保、情報の受発信とネットワーク化などが伴わなければならず、また何らかの理由によって円滑な機能が発揮されない部門では、その補強が重要となる。フードサプライチェーンをさらに一歩進めてそれが自己成長的な発展を遂げていくためには、各部門で

付加価値を創出してそれを部門間で繋ぎながら連結し、より大きな付加価値を産み出していく仕組みが必要である。これがフードバリューチェーンの考え方であり、一国を超えて世界的な規模に広げていったのがグローバル・フードバリューチェーンである。

　世界の農業投資を取り上げる場合、最近ではこのグローバル・フードバリューチェーンで捉えていくアプローチが次第に定着しつつあるようにも見受けられる。少なくともわが国では、農林水産省がグローバル・フードバリューチェーンを戦略的な枠組みとして、民間主導による海外農業投資を積極的に推進している[9]。食と農に関わる種々の民間企業が投資受け入れ国に進出して、自社単独であるいはフードサプライチェーンを構成する各部門の異業種が企業間で連結し協働しながら、何らかの製品の製造と販売、提供する諸サービスの拠点を一部海外へ移転する動きが活発化している。これと並行して生産と流通に関わるインフラ整備のための支援、連携する現地企業への技術移転、現地人材の育成も進めている。この結果として、フードバリューチェーン戦略に基づく海外農業投資は先進国や新興国の間ではもちろんのこと、投資環境にすぐれまた市場の拡大が見込まれる開発途上国、特に東南アジア諸国へ企業が積極的に進出しており、投資受け入れ国の経済と農業の発展に大きく寄与している。

　グローバル・フードバリューチェーンの展開は、実際の動きとして欧米諸国がわが国よりも先行しており、名を馳せた巨大な多国籍企業が世界中に製造・販売の拠点を張り巡らせて活動し、またその形態も多様である。例えば、製造・販売する食品の性格にもよるが、多国籍企業は、原料調達、一次加工、最終製品のそれぞれの段階を比較優位の高い国で行うといった国際分業システムで行い、各段階の寄与度に応じて利益を配分するといった戦略をとっている[10]。そしてその国際分業システムで産み出された製品を少数の多国籍企業が世界を市場として供給し販売するといった寡占的構造が形成されている。製造し販売する製品は食品とは限らず、種苗とか肥料、農薬、農業施設といった投入資機材など幅広く及んでいる。最近では、投資受け入れ国が、

進出してくる企業に対して、雇用機会や付加価値の創出だけでなく、環境への配慮、インクルーシブな取り組み、製品の安全性、職場環境の快適性、企業ガバナンスなど社会的責任を問う動きもみられ、投資国と被投資国の双方が共通に理解していくベースを持ち合うことが重要となってきている。

　本章で明らかにしたように、栄養不足と食料不安に直面する人々を抱える諸国はサハラ以南アフリカ地域と中央・南アジア地域に集中しており、それは、貧困、人口の増加、紛争による混乱、資源の枯渇と劣化、地球温暖化、病害虫や家畜感染症の発生など、多様で複雑な要因が相互に重なり合って引き起こされたものである。現在から将来にかけてこれら低所得の食料不足国を中心に食料需要は増加の傾向をたどっていくが、農業生産は資源の劣化と枯渇、気候変動などによって不安定に推移し、需給の不均衡を輸入や海外農業投資によって調整せざるをえないが、低所得国は外貨の不足や投資環境の不備で充足できる状況にはない。ただし、世界の食料需給は2050年までは概ね均衡を保持していくものと見通されている。次章では、途上国の全体および地域別にみた食料と農業の状況、農業開発の意義と目的、農業開発の実践的枠組み、そのための条件整備と政策的誘導について論じる。

第2章　途上国における食料・農業の課題と対策

2-1　途上国における食料・農業の概観

食料不安の現状

途上国における食料安全保障の状況を、食料不安（Food Insecurity）の人口比率から地域別に2015年から2022年にかけての推移で示したのが、FAOが公表している図2-1である（FAO et al., 2023a）。

図2-1によれば、特にアフリカ地域において食料不安（深刻な食料不安＋

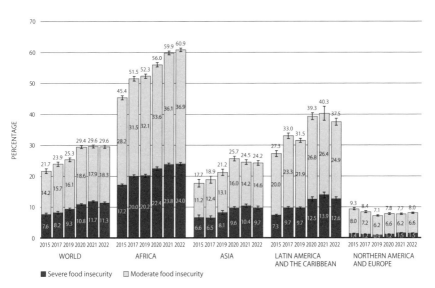

図2-1　地域別にみた食料不安人口比率の推移（2015-2022）

注：棒グラフの下の部分は深刻な食料不安、上の部分は比較的緩やかな食料不安
資料：FAO, The State of Food Security and Nutrition in the World 2023

比較的緩やかな食料不安）の人口比率が高く、続いてラテンアメリカおよびカリブ海地域、アジア地域の順となっている。各地域ともこの間に食料不安人口比率が高まったが、この間はCOVID-19パンデミックが発生し蔓延した時期と重なる。2022年でその比率はアフリカ地域60.9％（うち深刻な食料不安は24.0％）、ラテンアメリカおよびカリブ海地域37.5％（同12.6％）、アジア地域24.2％（同9.7％）であった。もっとも、アフリカ地域を除き2022年はその前年に比較していくらか低下している。世界全体でみれば、食料不安人口比率は2022年では29.6％（同11.3％）であり、実数にすればおよそ24億人に相当し、それだけの数が適切な量の食料にアクセスできていない。とりわけ深刻な食料不安に直面している人口は9億人あまりに達しており、食事エネルギー要求量を日々間断なく充足させることができていない。アフリカ地域では人口の4人に1人が深刻な食料不安におかれている状態にある。アジア地域、さらにはラテンアメリカおよびカリブ海地域において食料不安人口比率は低下の傾向にあるとはいえ、アフリカ地域を含めそれぞれの地域のサブ・リージョンや国においては深刻な様相を示しているところがある。アフリカ地域では中部アフリカ、アジア地域では南アジア、そしてラテンアメリカおよびカリブ海地域では中米およびカリブ海諸国である。特に南アジアでは人口の40.3％が食料不安であり、このサブ・リージョンだけで世界の食料不安人口の3分の1を占めている。なお、北米およびヨーロッパ地域の食料不安人口比率はこの間に8％内外（うち深刻な食料不安は1.5％以下）であった。

結局のところ、2022年の世界食料不安人口24億人のうち地域別にみた比率と実数は、アジア地域が46％の11億人、アフリカ地域が37％の8.9億人、ラテンアメリカおよびカリブ海地域が10.5％の2.5億人となっており、深刻な食料不安人口数に限れば、アフリカ地域だけで2.7億人（29.3％）に上っている。

つぎに、世界の食料不安人口比率を地域別および発展段階別に都市・都市近郊・農村に分けて示した図2-2によれば、2022年で世界全体として農村よりも都市近郊、都市近郊よりも都市においてその比率は低下し、その傾向は

第 2 章　途上国における食料・農業の課題と対策

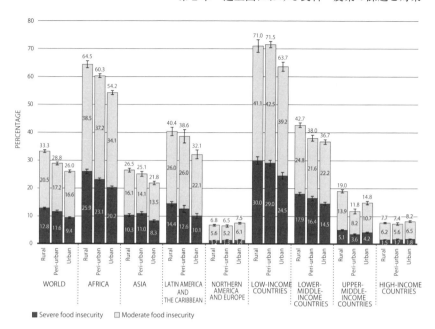

図 2-2　地域別・発展段階別にみた都市・都市近郊・農村の食料不安人口比率（2022）

注：図 2-1 と同じ
資料：図 2-1 と同じ

地域別にみて北米およびヨーロッパ地域を除きどの地域でも同様である。地域別に食料不安人口比率を農村に限ってみれば、アフリカ地域64.5％、ラテンアメリカおよびカリブ海地域40.4％、アジア地域26.5％となっており、また発展段階別に農村に限ってみれば、低所得国71％、下位低中所得国42.7％、上位中所得国19.6％、そして高所得国7.7％となっている。こうしてみれば、特に低所得国の農村では食料不安人口比率が高く、深刻な状況におかれていることがわかる。図2-2によれば、低所得国では都市近郊でもその比率が71.5％であってむしろ農村よりも高く、都市でも63.7％と高い。したがって、アフリカ地域、ラテンアメリカおよびカリブ海地域、アジア地域の低所得国では、都市、都市近郊、農村を問わず、国全体として食料不安が深刻な様相を示していることがうかがえる。またFAOのデータでは、男女別にみた場合、

29

成人の女性のほうが成人の男性よりも食料不安人口比率が高く、2022年では世界全体で女性27.8％、男性25.4％と示されている。COVID-19パンデミックの間に格差は一旦広がったもののその後縮小したが、アフリカ地域だけはその後も格差が広がっている。

以上、過去8年間における世界の地域別にみた食料不安人口比率の推移と2022年における地域別・発展段階別にみた都市・都市近郊・農村の食料不安人口比率およびその男女差について、FAOのデータに基づいて示した。

農林水産業付加価値額の増加

図2-3は、FAOSTAT2023を使って世界の地域別にみた農林水産業の付加価値額の推移を2000－2021年間で示したものである（FAOSTAT, 2023）。世界全体のその付加価値額は、2000年の1.7兆ドルから2021年には3.7兆ドルへと2015年固定価格で実質84％上昇した。この間にアフリカ地域は1,700億

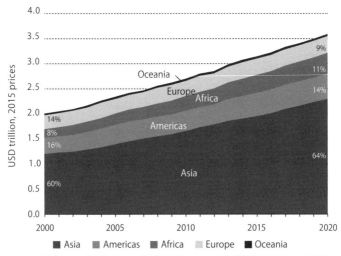

図2-3　地域別にみた農林水産業の付加価値額（2015年固定価格）

注：図中の％は、世界の総付加価値額に対する各地域の比率を示す。
資料：FAOSTAT(2023), Macro Indicators. https://www.fao.org/faostat/en/#data/MK Download

ドルから4,250億ドルへ150％上昇し、またアジア地域は2000年の1.2兆ドルから2021年には2.4兆ドルに達して世界全体の農林水産業付加価値額の64％（2000年は60％）を占めるに至った。また北米とラテンアメリカおよびカリブ海地域を含むアメリカ地域とオセアニア地域は、この間に付加価値額がそれぞれ45％と46％、ヨーロッパ地域は19％の上昇率であった。なお、付加価値額には食料輸入や食料援助も含まれる。

　中国、インドを含むアジア地域が世界全体の農林水産業付加価値額の3分の2を占めているが、その上昇率においてはアフリカ地域が最も高かった。この期間の最後のほうではCOVID-19パンデミックが発生したものの、そうした中にあって付加価値額が増加し続けたことは注目に値する。ただし、この間に他の部門では付加価値額が農林水産業以上に増加したことから、GDPに対する農林水産業の比率は低下し続けたが、それでもアフリカ地域、アジア地域およびラテンアメリカおよびカリブ海地域の低所得国では、その比率が40-50％と依然として高い（FAOSTAT, 2023）。

　世界の農林水産業付加価値額がその伸びに地域的な差異があるとしても、付加価値額の増加に寄与した要因は、農業に限っていえば、農地、水など資源の利用拡大に加えて、労働力、固定資本と流動資本の集約的な投入、土壌改良や栽培管理などに関わる技術の開発と利用などによる生産性の上昇、そして販売額の増加とコストの低下等に起因するものと考えられる。特に作物生産の基盤となる農地面積と土地生産性が付加価値額の大きさを左右する決定的な要因である。作物栽培面積を人口で除した1人あたり作物栽培面積を2000年と2021年の対比で、世界の地域別に比較して示したのが図2-4である。これによれば、この間に世界の各地域では栽培面積よりも人口の増加が大きかったことから、1人あたり作物栽培面積は縮小した。特にアフリカ地域では25％も縮小して0.21haとなった。1人あたり作物栽培面積は、2021年にアメリカ地域で0.37ha、アジア地域で0.13haであった。1人あたり作物栽培面積が減少しているなかで、アフリカ地域がアジア地域よりもいくらか面積の規模が大きいにもかかわらず、農業の付加価値額に両地域で大きな差異が生

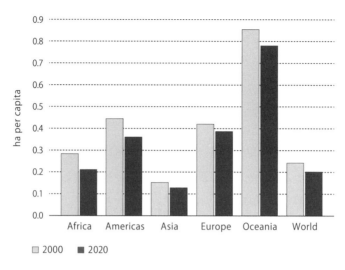

図 2-4　地域別にみた 1 人あたり作物栽培面積（2000/2021年）

資料：FAOSTAT(2023), Land Use. https://www.fao.org/faostat/en/#data/RL Download

じているのは土地生産性の大きさである。それに決定的な差異をもたらしている要因の一つが灌漑の整備状況である。2021年の灌漑率（灌漑面積/農地面積）は、アジア地域で42.3％なのに対してアフリカ地域ではわずかに5.8％でしかない。この違いが土地生産性および農地集約度の違いに大きな影響を及ぼしている。土地生産性のおおよその見当をつけるために、FAOSTATのデータを用いて作物の総生産量[11]を作物栽培面積（Cropland）で除した値で比較すれば、2021年でアジア地域が8.1t/haであるのに対してアフリカ地域は3.4t/haでしかない。アジア地域は 1 人あたり作物面積の減少を土地生産性の上昇で補って付加価値額を増加させた一方で、アフリカ地域は土地生産性の上昇がアジア地域に追いつかないことで、結果的に付加価値額の大きさに差が生じた。

　それでは、アフリカ地域で農林水産業の付加価値額が増加した要因は何に求められるのだろうか。一つにはもともと低い水準にあった土地生産性が上昇したこともあるが、そのほかに、穀類とりわけコメ、イモ類、野菜、果実

第2章　途上国における食料・農業の課題と対策

などにおいて自給用に加え市場向けの生産が増加し作物の構成が多様化したこと、畜産物や水産物もまた増加の傾向にあったことが挙げられる。このことはほかの地域でも同じことがいえるが、アフリカ地域の場合には2000－2021年の間に、人口の増加、急速な都市化、経済発展に伴う国内市場の拡大で、需要の増加とそのパターンの変化に食料の生産が対応していったとも考えられる。一方で不足する分については輸入によって補われた。

以下、アフリカ、アジア、ラテンアメリカおよびカリブ海地域のそれぞれにおいて、食料と農業に関する現状と課題および政策についてそのハイライトの部分だけを記すことにする。

2-2　地域別にみた食料と農業

アフリカ地域

アフリカ地域では、食料不安（深刻な食料不安＋比較的緩やかな食料不安）の人口比率が持続して高い傾向にある一方で、農林水産業の付加価値額は相対的に高い上昇率にあることをみてきた。一見矛盾するこの傾向をどのように理解し解釈したらよいのであろうか。押さえておくべき重要な点は、アフリカ農業が大多数を占める貧困な小規模農家によって担われているということである。アフリカ地域の小農は、零細で肥沃でない農地でもってまた農地の所有権と耕作権が不安定な中で、生産性を高めるために必要な種子、肥料などの投入が少ないうえにその品質が悪く、技術の入手と利用、資金へのアクセスに乏しく、また灌漑などのインフラが整備されていない状況に置かれている。また気候変動、病害虫の発生、紛争、マクロ経済の急変などといった外部環境の変化に適切に対応できるだけのレジリエンスが低く脆弱である。また販売するにも市場にアクセスしにくいうえに販売のための情報や知識、ツールに乏しい。生産性が低くまた生産が不安定になりやすいことから、その結果として食料と栄養が不足し貧困から脱することが容易でない。特に低所得国において食料を輸入に依存しているところでは、小麦、トウモ

ロコシ、大麦などの国際価格の高騰が食料不安に拍車をかけている。他方で輸出を含めた市場志向型農業を展開する少数の中・大規模農家や企業型経営体および農業の生産と流通の条件に恵まれまた企業と契約関係にある一部の農家が、資本の投入と技術の導入により付加価値の高い農業を行っている。要するに、アフリカの農業はこうした二重性によって典型的に特徴づけられている。

　アフリカ地域では、現在から将来にかけて多様で栄養価の高い食料を安定的に安全かつ安価に供給し、それにアクセスしやすい状況を確保することが何よりも優先されるべきである。2050年までに人口の増加などを背景に現在の食料生産量を倍増する必要があるとされている[12]。また都市を中心とした中・高所得層のために、基礎食料に加えて付加価値の高い食料と農産物を供給する必要があり、農業資機材の調達から生産、加工、流通、消費に至るフードチェーンをデジタル技術によって管理していくシステムを、これに関係する主体が連携しながら構築していかなければならない（Douglas Okwatch, 2024）。そのためには、民間投資を助長するために、融資、技術開発、人材育成、ICTなどのインフラ整備などといった公共財サービスを提供していく必要がある。また伝統的な輸出産品に加えて国際市場の動きに見合う品質の高い新たな輸出産品を開発していくことも、今後の重要な課題の一つである。公共財サービスの提供と結びついて民間投資を呼び込めるようにビジネス環境が構築されていけば、市場の機能が改善され貿易が進展することにつながるであろう。これに関係してフードサプライチェーンが高度に整備されていけば、そこに小規模農家が若年者を中心に雇用の場を見出して利益を追加確保し、人々の食事の質が改善されて栄養不足が軽減する方向へ向かうことも考えられる（FAO, 2018a）。

アジア地域

　アジア地域はここ数年食料不安人口比率が25％前後に落ち着き、また過去20年間に農林水産業の付加価値額が順調に拡大してきたことを確認した。と

はいえ域内のサブ・リージョンなり国を観察してみると、おかれている食料と農業の状況はさまざまである。なお、ここでアジア地域という場合には南アジアと東南アジアを取り上げ、食料大国である中国とインドについてはこの後に別途取り上げることにする。

FAOが出版している"Asia and the Pacific Regional Overview of Food Security and Nutrition 2023"（FAO, 2023b）によれば、食料不安が依然として深刻なサブ・リージョンおよび国は、南アジア（バングラデシュ、インド、パキスタン、スリランカ、ネパール）と東南アジアの一部（ラオス、ミャンマー、カンボジア、東ティモールなど）であり、食料不安人口は南アジアだけでアジア太平洋地域の85％を占めている。一方、ほかの諸国、特にシンガポール、マレーシア、タイ、インドネシア、フィリピン、ベトナムでは、多様で豊かな食事を享受し、食料不安が問題になるようなことはほとんどない。この二つのグループの間には、いうまでもなく大きな経済格差が底流に存在しており、小売先での食料に対する支払い能力とか高騰する食料への対応力が決定的な違いとして現れてくる。そのほかに栄養に関する知識や食習慣、衛生状態なども深く関係してこよう。人口の増加、可処分所得の増加、都市化の進行、食生活の変化などの要因が、食料消費の構造に大きな変化をもたらす。多様で豊かな食事を享受できる国では、今後ますます畜産物（肉類＋乳製品）、水産物、各種の加工・調理済み食品などに対する需要が増大し、また外食の機会が増えていくであろう。他方、食料不安の国では、いかにして基礎食料の穀物（コメ、小麦）を安定的に確保できるかが決定的に重要である。その中にあっても中・高所得層では食料需要の多様化が進んでいくであろう。

こうした食料需要の現状と変化の方向に対して、農業はどのように対応しているのか。アジア地域において重要な作物がコメであることはいうまでもないが、おしなべて低所得国を除くアジアの諸国では農業生産額に対するコメ生産の比率は低下してきている。代わってほかの付加価値が高い作物や畜産物などの生産比率が高くなってきているが、これは農業者が食料需要の変

化に対応しつつ収益を高める方向へ生産パターンをシフトさせているからである。一方で依然として食料不安に直面し、GDPと雇用において農業部門の比率が高い低所得国では、農家がコメや小麦を中心として、雑穀、イモ類、豆類、野菜などを自給、そしてその一部を市場販売向けに栽培している。生産は需要の変化に対応させて果実や畜産物などの高付加価値な生産部門にも広げているが、概して相対的に生産性が低い。

　この動きとは別に、アジア地域では、オイルパーム、コーヒー、カシューナッツ、天然ゴム、コショウなどの国際市場向け商品作物の生産・輸出が展開されており、重要な外貨獲得手段の一つとなっている。これら作物の栽培面積は近年拡大してきたが、COVID-19パンデミックによる影響を挟んで、市況の変動が大きく収益は必ずしも安定していない（Pushpanathan Sundram, 2023）。

　アジア地域は、食料安全保障を確保するために多くの課題を抱えている。気候変動への対応、持続可能で生産性が高い農業生産方法の浸透、農地、水など資源の効率的で有効な利活用、自然生態系の環境保全、資金調達と農業資機材へのアクセス改善、農業とフードサプライチェーンのデジタル化、灌漑設備の修復、農村でのICT、道路、電力および市場などインフラの整備、イノベーションの創出と革新的なソリューションへの研究開発など、解決すべき課題が山積している。アジア開発銀行は、"Agriculture and Food Security"と題して記述した報告書（ADB, 2023）で、課題の解決のために、ストレス耐性品種の導入や作物管理の改善など農業プロジェクトに気候変動に対する強靱性と適応策を組み込むこと、作物の生産性を向上させまた収穫後のロスを削減すること、食料の貯蔵、物流、マーケティングへの投資を増加すること、食品の安全性とトレーサビリティを改善すること、また特に食料不足の国では貧困層のために農村での雇用機会を創出すること、収入を増加させ栄養状態の改善につながる作物を農家が選択し決定するよう仕向けること、変動する食料価格を安定かつ引き下げること、などを提唱している。

第2章　途上国における食料・農業の課題と対策

中国とインド

　アジア地域のなかで中国とインドを取り上げたのは、両国の農業が世界の食料安全保障を左右するほど突出した存在ということである。FAOのStatistical Yearbook 2023 によると、2021年の生産量ベースで、中国は世界の穀物の21％、食肉の26％、野菜の52％を生産し、世界の作物総生産量（穀類、糖類、野菜、油糧種子、果実、根茎類、その他作物）の約20％を産出するほどの農業大国である。一方、インドは世界の穀物の12％、野菜の12％、そして作物総生産量の12％を占めており、両国だけで世界の作物総生産量および穀物生産量の3分の1に達している。食料の輸出額と輸入額は中国が世界の輸出額の5％、輸入額が13.9％を、またインドがそれぞれ2.5％および1.6％を占めている。特に中国では輸入額が輸出額を大幅に上回っており、世界の食料貿易における影響力はきわめて大きい。

　中国においては、貧困な遠隔地の山岳地帯など一部の地域を除き食料不足に直面しているということはないが[13]、国全体として直面している重要な問題は、近年、食料需要の伸びが国内供給を上回っており、14億の人口を養うために大量の食料・農産物を輸入することを余儀なくされているということである。中国では、所得と生活水準の向上、都市化の進展などを背景に、食生活が肉、乳製品、油脂類、加工食品の消費を多く含む方向へ変化し、一方で穀物の消費量が減少した。これに伴い、国内の農業は穀物中心から畜産物、水産物、野菜などの生産にウエイトがシフトしてきたが、畜産業の発展はそのために必要なトウモロコシ、ソルガムなどの飼料穀物の輸入急増につながり、不足する肉類は輸入で充足、また油脂類の需要拡大は大豆と大豆油の大幅な輸入を引き起こした。これに一部の不足する小麦やコメを輸入で補うという構造が定着してきた（CSIS, 2024）。食料安全保障の確保のために、国内農業生産を振興させていかなければならないが、深刻な洪水や干ばつを引き起こす気候変動、頻発する病害虫の発生など外部環境の変化のもとで、農地や水の制約、農業者の高齢化、零細な圃場規模などにより、農業の生産

基盤が脆弱化してきている（Yu Chen & Siying Jia, 2023）。こうした課題に取り組むために、政府は、灌漑設備、輸送などのインフラ整備、気候変動に対応した作物品種の作出と普及およびシードバンクの構築など研究と技術革新のための投資、保険制度の強化、ICT導入による防災・減災力の強化、持続可能な農業生産システムへの移行、精密農業の実施、生物資源の活用、耕地の非農業目的への転用禁止、温室効果ガスの排出量削減など、あらゆる政策手段を講じている。また政策を効率的に実現するために、民間セクターの参加やほかの諸国との協力を関係させながら進めている（Yu Chen & Siying Jia, 2023）。遠隔な山岳地帯など条件不利地域では、食料増産と貧困削減のために、これらの政策に加えて、融資などのサービスや市場などへのアクセス改善が必要である[13]。

　インドは、近年目覚ましい経済発展を遂げてきたが、WFPの報告によると、現在でも総人口の14％に相当する2億人ほどの栄養不足人口が存在すると推定されており、特に都市と農村の貧困層、女性や子供に集中している。かといって、農業の発展が遅れ食料の国内供給が不十分というわけでは決してない。主食となるコメや小麦をはじめほとんどの食用作物はほぼ自給自足を達成し、前述したようにインドは世界有数の作物生産国および農産物の主要な輸出国の一国でもある。所得の増加、都市化の進展で国内の食生活は大きく変化し、タンパク質や脂質に関連する食品の摂取と利用の割合が増加し、今後ともその増加が見込まれている。また消費者の購買ニーズは、食料の量的充足から次第に食品の安全性、健康、栄養、利便性などにおかれ、持続可能な方法で原材料を調達し製造した食品をますます選好するようになってきている（BDO India, 2023）。その一方で、農業にはさまざまな課題が山積してきている。気候変動に基づく水資源の不足、土壌の劣化などの環境・資源問題は、作柄の不安定や収量の低下をもたらし、不平等な土地所有パターンによる小規模農家の農地や資源へのアクセス制限は、家族のために十分な食料の確保を困難にしている。また生産、貯蔵、流通の過程で大量の収穫後のロスが発生している。このことは、とりわけ栄養不足が深刻な貧困農村では

第2章　途上国における食料・農業の課題と対策

先鋭な形で表れており、資金、技術、情報・知識の大幅な不足が営農自体を厳しいものにしている。国全体としてみれば、食料・農産物が増産し備蓄も十分に確保されているが、多くの栄養不足人口が残存している理由の一つには、食料を再分配する制度や政策が十分に機能していないという状況もうかがえる。何らかの理由で食料価格が高騰すれば、栄養と食料の不足が顕著となる。こうした課題に取り組むために、気候変動に対するレジリエンスの強化、灌漑の整備、土壌の回復に配慮した有機農業を含む持続可能な農法の導入、GAPによる農産物の認証、農地耕作権の安定化、デジタル技術の導入などを総合的に組み合わせることが必要である。またフードバリューチェーンを整備することで、流通の過程を含めた農産物の収穫後ロスの防止、需要に見合う食品加工、市場価格の変動緩和、栄養バランスのとれた食事を促す食育に努めなければならない。栄養不足人口に対しては、食料再配分のための政策（国家食料安全保障法など）に果断に取り組んでいくべきである（Swathi Satish, 2023）。

ラテンアメリカおよびカリブ海地域

　前述したように、ラテンアメリカおよびカリブ海地域では、食料不安人口比率がアジア地域よりも高く、農林水産業の付加価値額の伸びもアジア地域には遠く及ばない。ここでも域内のサブ・リージョンなり国を観察してみると、おかれている食料と農業の状況はさまざまである。なお、世界の食料供給をリードするブラジルについては、この後に別途取り上げることにする。

　この地域では、2022年に地域人口の37.5％（2億4,780万人）が食料不安に苦しみ、地域人口の12.6％（8,340万人）が深刻な食料不安に直面している。食料不安は特に中米およびカリブ海の諸国（ハイチなど）において深刻である。食料不安人口は1990年から2015年にかけて減少を続けていたのが、COVID-19パンデミックを挟んでそれ以降増加傾向に転じている。これは、貧困、不平等、気候変動に対する脆弱性などに起因するものであるが、ここでいう不平等とは、経済的格差だけでなく、都市よりも農村、男性よりは女

性に食料不安が大きいことを含意している。FAOなど国際機関による"Regional Overview of Food Security and Nutrition in Latin America and Caribbean: Toward Improving Affordability of Health Diets 2022"（FAO et al., 2023c）によれば、この地域が世界で最も健康的な食事のコストが高く、また貧困など脆弱な社会階層の子供たちの間ではビタミンやミネラルの欠乏による栄養不良と過体重による発育障害などが生じているとされている。貧困世帯にとって手ごろな価格で食料が入手でき、健康的な食生活を享受できることが食料安全保障上の切実な課題である。

ラテンアメリカおよびカリブ海地域において、農業の発展は域内の経済成長を支え、雇用機会を創出、貧困を削減し、栄養と食料の安全を保障するうえで重要な役割を果たしているとともに、農業は多様な自然生態系システムを保全する点においても重要と位置づけられている。それだけでなく世界の食料供給に大きく貢献しており、2022年で同地域からの農産物輸出額は1,070億ドル以上に達している。主要な輸出品は、トウモロコシ、大豆、砂糖、牛肉や家禽肉などの肉類などであり、ブラジル、アルゼンチン、メキシコが主要な輸出国である。この他にも、コーヒー（ブラジル・コロンビアなど）マテ茶（アルゼンチンなど）、アボカド（メキシコ）なども有力な輸出品である（Statista, 2024）。

その一方でさまざまな課題を抱えている。南米では2021年に温室効果ガス総排出量の70％が農業活動や農業フロンティア拡大のための森林火災によって引き起こされているといわれており、それに基づく気候変動が小麦や大豆、コーヒーの減収を招いている（Statista, 2024）。一部の国では、グローバル・フードバリューチェーンにうまく統合され、大規模で生産性の高い商業的農業部門が存在する一方で、多くの小規模農家や牧場主が生産性の低い農牧業に依存しながら生計を立てているものの基本的な自給自足のニーズを満たすことさえむずかしいといった二重構造が存在する（Anna Wellensten & Martin Van Nieuwkoop, 2021）。市場から遠く発展が遅れている条件不利地域の低生産性の小規模農家が食料不安人口の多くを形成している。地域や国

第 2 章　途上国における食料・農業の課題と対策

の全体としてみれば、食料生産が一貫して余剰であるにもかかわらず、その再配分がメカニズムとして機能していないといえる。要するに、地球全体からみれば最大の生態系サービスを提供しまた世界の食料供給の重要なシェアを占める地域であるにもかかわらず、アマゾンの森林など自然生態系は破壊され続け、一部の大規模農場が生産量と輸出量を占有している一方で、小規模農家がその生産性の低さゆえに貧困と食料不安に直面しているのである。

　こうした課題を解決するために、農業が進むべき方向は、自然生態系システムの保全に配慮した農業の推進、特に温室効果ガス排出量削減への配慮（森林火災の防止、土壌への炭素隔離など）、気候変動に対応した灌漑設備の拡充、気候変動対応型の改良品種の導入、効果的な病害虫防除法など、要するにインフラの整備と革新技術の採用によるレジリエンスの強化などが挙げられる。小規模農家に対しては、これに加えて農地の保有権および耕作権の安定化、農業者の能力向上、技術普及と低利融資サービスの充実、物流インフラ（ICTを含む）の近代化、生物学的栄養強化作物（Biofortified Crops）の導入と栄養の改善などを行うことが求められる。それと合わせて農村だけでなく都市の貧困者に対する食料の再分配と栄養改善も実施すべきである（World Bank, 2020）。

ブラジル

　いうまでもなくブラジルは世界でも屈指の農業生産国、そして食料・農産物の輸出国である。FAOのStatistical Yearbook 2023によると、2021年の生産量ベースで、ブラジルは世界の作物総生産量の約11％を産出し、サトウキビの38％、食肉の8.3％、果実の4.4％を生産している。国内市場へ供給するのに十分な食料を生産しているとともに、世界の食料総輸出額の5.3％を占め、国際市場で有力な地位を確保している。特に、大豆、砂糖、オレンジジュース、コーヒーについては世界最大の輸出国であり、また肉類、綿花、トウモロコシ、果実、林産物においても主要な輸出国となっている。とりわけブラジルにとって中国は大豆と牛肉を中心に最大の顧客であり、中国だけで食

料・農産物輸出額の4分の1のシェアに達している。中国以外にもアジア・アフリカ諸国の多くは、大豆、肉類、トウモロコシなどの輸入をブラジルに依存している（Josh Lipsky & Mrugank Bhusari, 2024）。

　これまでブラジル農業の発展を支えてきたのは、森林伐採による農地・牧草地の拡大と研究開発への投資を通じた革新技術の創出およびその利活用による飛躍的な生産性の向上である。最近では農地・牧草地が森林法に基づいてその拡大に規制が加えられ、衛星画像を通して農業活動と森林伐採が監視されている。農業ゾーニングプログラム（ZARC）に沿ってプログラムを利用する農業者には、最適な作物の選択、生産性の向上、リスクの軽減、環境保護のための技術的手順が定められ、また保険や融資などの政策支援が得られる。生産性の向上は、肥料、農薬、農業機械などの資本投入とその効率的な利用によってもたらされた結果であり、これが農業成長の主な原動力となった。とりわけ大学とブラジル農業研究公社（Embrapa）は、セラード地域で農業生産を成り立たせるための新しい技術を開発し、規模の経済が働いて大きな利益をもたらした（Yuri Clements Daglia Calil & Luis Ribera, 2019）。最近では、デジタル技術を駆使した精密農業が急速な進歩を遂げている。

　近年、目覚ましい発展を遂げてきたブラジル農業であるが、そこにはいくつかの深刻な課題が存在している。ブラジルを世界有数の農業生産・輸出国へと押し上げてきたダイナミズムはほとんど大規模で少数の企業的農場によって担われてきており、大多数の営農主体はあくまで小規模な家族農業である。このなかには北東部半乾燥地帯に広がる貧困な農家が含まれ、都市と農村、そして農村の間でも大きな経済格差がある。FAOの統計によれば、2022年の時点でも4.7％の人口は栄養不足ないしは栄養不良であり、10％が深刻な食料不安、23％が比較的緩やかな食料不安であり、これらの人口は貧困な農村と農家、都市の貧困層に集中している。また気候変動に伴う作柄の不安定、農地・牧草地の劣化や水資源の過不足など資源管理、森林の伐採と火災による生物的多様性の喪失にも大きな課題を残している。気候変動によ

るリスクを技術の導入で抑制し、生産を安定確保することは世界の食料供給の安定にとっても不可欠である。

気候変動に対応するためには、アグロフォレストリーに代表される耕畜林の有機的連携、不耕起栽培、灌漑の最適化、生物学的病害虫防除法などを効果的に組み合わせた持続的な農業の推進によって、劣化した農地や牧草地の回復に努めることが必要である。また小規模農家においては、これによる食料安全保障とフードバリューチェーンに雇用の機会を見出し、所得を増加させることも考慮すべきである[14]。

2-3　農業開発の意義と目的

これまで途上国の食料と農業について概観し、また地域別にその現状と課題および対策について述べてきた。こうした内容を踏まえ、あらためて途上国における農業開発の意義と目的、それに取り組む実践的な枠組み、さらには農業開発への条件整備と政策的誘導について、以下順次述べていくことにしよう。

農業開発の意義

開発途上国とりわけ後発の途上国では、農業が労働力、GDPおよび輸出のそれぞれの比率において大きなシェアを占めており、経済全体において重要な部門として位置づけられている。したがって、農業部門の発展がマクロ経済を押し上げる原動力になることはいうまでもなく、雇用の確保、所得の向上および外貨の獲得に大きく寄与する。また農業が発展していけば食料に余剰が生まれ、それを原資として農業部門から製造業、サービス業など成長の加速が期待されるほかの部門へ労働力、資本などが移転され、経済全体が発展の軌道にのるというのは、これまでの経験に基づいて形成された開発経済学の分野で周知されている事実である。一方で農業が停滞してしまうと、経済全体の発展が遅滞するとともに、深刻な食料不足、雇用機会の喪失、所

得の減少、外貨の不足など負のスパイラルを引き起こすこととなる。

　また別の視点から農業開発の意義を問いただすこともできる。一つには資源の有効な利活用であり、もう一つは自然環境なり農村景観の維持ということである。農業は、土地、水、土壌、生物多様性など与えられた自然資源を有効に利活用することで成り立つが、そのほかにも食料・農産物の残渣など低利用ないしは未利用の資源を使った堆肥の製造、あるいは森林などに存在する豊かな生物相を利用した新たな種を作出するための生物資源の探索など、多様な資源を農業へ有効に活かすことができる。農業の営みが、土壌流出の防止、水の清浄ならびに干ばつや洪水の抑制、大気の浄化や気温の調整など自然環境を維持するとともに、地域コミュニティの社会的機能、農村に継承されてきた伝統文化、社会的ネットワーク、自然景観の維持に役立つという側面も無視できない。ただし、農業が温室効果ガス排出の一端を担うという点には留意しておく必要がある。農業を開発していく前向きな姿勢がなければ、こうした資源の利活用や環境・景観の維持は果たされないであろう。このことは途上国に限定されないグローバルな農業開発の意義である。

　いずれにせよ、環境の保全に配慮した資源の有効な利活用を通じて食料・農産物を増産し、そのことが経済発展の基礎となる点において農業開発の意義が見出されるのであり、特に後発の途上国では、農業の着実な発展なくしては経済発展の展望が開けないといっても過言でない。

農業開発の目的

　食料不足に直面している途上国において、最も重要な農業開発の目的が食料の増産であることはいうまでもない。その食料にしても優先されるべきなのは、主食作物でカロリーが高い穀類、イモ類などでんぷん質に富む農産物である。そのためには農地を集約的に利用するとか収量を向上させることなどにより土地生産性を引き上げることが必要である。収穫した穀物などの品質を低下させず、またその損失を防止するための収穫後処理も適切になされなければならない。その一部は市場へ販売するために向けられることもあろ

う。また家庭内では、世帯の一人ひとりに食料が必要に応じて適正に配分されることが必要である。ともすればその配分が不利に働きがちな女性、子どもへの配慮は欠かせない。一方、1人あたり平均所得が増加し都市化が進み、居住の形態が変化して生活スタイルや食料に対する需要のパターンが変化してきている中所得国あるいは低所得国の上位階層では、でんぷん質食料のウエイトが次第に低くなり、代わって肉類や乳製品などの畜産物、野菜・果実などの園芸農産物、さらには加工食品や調理済み食品、外食などのウエイトが高まっていく。いわゆる食料消費の多様化・高度化の動きである。その変化に対応して農業生産も多様化し、同時に食品の加工と流通が発展していく。生産農家には、高度な技術や農業資機材の使用、作物生産の専門化が求められる。さらに高所得国の段階になれば、この動きに加えて、食料・農産物の品質、栄養と健康、安全性、ブランドなど先進国とほとんど変わらないほどまでに食料消費のニーズが高度化していく。このようにみてくると、食料の増産と一口にいっても、経済発展に伴う1人あたり平均所得の増加、市場の成長、都市化、嗜好の変化などによって消費者の食料に対する購買行動が変化し、その動きに応じて増産すべき食料・農産物の内容が変わっていく。とはいえ、人口増加率が高く環境や資源の制約が大きいうえに農業技術の開発とその普及に後れをとる後発の途上国・低所得国では、穀類などの基礎食料をいかに増産し確保するかが喫緊の課題であることにちがいはない。

　農業開発の目的の二つ目として取り上げるべきは貧困の削減である。農村で貧困を削減するためには、農家が農業所得を増加させるか、農業以外の所得すなわち農外所得を増加させるか、もしくは政府やNGOからの贈与を受けるかのいずれかである。このうち贈与という形での所得移転を除いて、農業所得を増加させるためには、全体として農業生産量を増加させる、市場志向的な高付加価値の農産物の生産を拡大する、生産・経営コストを引き下げる、貯蔵とか輸送などの流通に関わるコストを削減する、さらには確実に販売できる市場を確保する、などといったことであり、またこれらを総合的に組み合わせることである。しかしながら、こうした方法を着実に行動に移し

ていくのは決して容易なことでない。そこでは、農家を取り巻く内外の諸条件に考慮しつつ複雑で多様なこうした手段を組み合わせていかなければならない。また農外所得を増加させるにもさまざまなアプローチがある。農家が農村に留まるのであれば、自らの手による農産物の加工と流通、店や大工などの自営業、公共事業への参加、ほかの世帯に対する農業あるいは家計への手伝いなどといった多様な業種が存在する。また農村を離れて都市で種々の仕事に従事し、稼いだ所得の一部を実家に送金するということもある。ただし農外所得を確保するにしても、相応しい雇用の機会が安定的に存在するかどうかに大きく左右される。基礎食料の安定確保を前提として、農地や労働力などの資源をどのように農業所得および農外所得の増加のために振り向けて貧困の削減につなげていくかは、農家経済の自己発展とマクロ経済の動向いかんによるといえるであろう。ともかくも、農家の所得が増加していけば、国内の市場拡大に大きく寄与する。

　農業開発の目的の三つ目として、資源の有効活用と環境の保全を取り上げるが、これは目的というよりも農業開発を進めていく過程で自ずと未利用および低利用の資源が営農活動に引き入れられていく結果であり、環境の保全にしてもそれに配慮して営農がなされていかなければ、そのことが農業開発上の大きな制約要因になりうる。

　農業開発の目的の四つ目として、輸出を通じて外貨を獲得するということである。食料・農産物の余剰が輸出に回されるというケースも当然考えられるが、それぞれの国の自然生態系に適した輸出志向型の農産物の生産、例えばコーヒー、紅茶などの嗜好品、バナナなど熱帯の果実およびその加工品、砂糖、さらにはオイルパームなどの油脂類が、相手先の市場需要の拡大に応じて輸出されるのが一般的である。海外の投資家が途上国の現地に農場を開設してこれらの農作物を栽培、加工し、輸出するという形態をとるケースも多い。獲得した外貨は、多様な製造工業品や不足する食料品の輸入、あるいは債務の返済に充てるなどして用いられる。輸出の拡大は、未利用地の活用、雇用機会の創出、所得の増加ならびに技術の習得や知識・情報の入手に大き

く寄与するが、その反面行き過ぎた農場の開設や規模拡大は、土地や水、森林など自然資源の損失と乱開発につながり、土壌の流出と劣化、水資源の汚染、多様な生物資源の喪失を招き、環境へのネガティブなインパクトを与えることがしばしば大きな問題になっている。

　以上、途上国農業開発の目的を、食料の増産、貧困の削減、資源の有効活用と環境の保全および外貨の獲得として取り上げた。これらの目的は、経済発展の段階、自然生態系の諸条件、農業生産と営農の形態、貿易と海外投資に関する政策などの違いにより、それぞれの地域や国でその重点のおき方が大きく異なる。また追加すべき目的がほかにも存在するものの、概ね共通しているといえよう。

2-4　農業開発の実践的枠組み

　途上国農業開発の意義と目的が明らかにされた段階で、次に考慮されなければならないのは、農業開発をどのように進めていったらよいかという問題である。この場合、人口の増加に加えて、耕作地拡大の限界、農業労働力の減少、環境・資源の荒廃と劣化、気候変動、化学肥料など農業投入財の高騰などを念頭においておく必要がある。そこでこれらの制約要因を踏まえて農業開発を進めるにあたり設定されるべき実践的な枠組みとしてここで取り上げるのが、気候変動対応型農業（Climate-Smart Agriculture）と環境再生型農業（Regenerative Agriculture）のそれぞれのアプローチである。

気候変動対応型農業Climate-Smart Agriculture（CSA）

　FAOは"Climate-Smart Agriculture: Case studies 2018-Successful approaches from different regions-"と題した報告書を2018年に刊行した（FAO, 2018b）。Climate-Smart Agriculture（以下、CSAと略す）をあえて訳せば、「気候変動対応型農業」といえるであろう。

　CSAとは、農業者が気候変動に適応し温室効果ガス排出量の削減に寄与

するよう努めながら生産性と所得を持続的に引き上げていくアプローチであり、どこにでも通用するといった包括的なファーミングシステムを提示するのではなく、それぞれの地域に組み込まれたさまざまな要素を考慮に入れてその地域に適した農法を明らかにし、その適用が農業者と農村コミュニティに便益をもたらすというものである。言い換えれば、CSAは農業者の持続的な食料安全保障のニーズに応えつつ気候変動に適応しその緩和にも貢献しうるアプローチである。

　CSAアプローチは3つの柱でもって遂行される。第1に農業の生産性を持続的に向上させ農業者の所得と生計を向上させること、第2にレジリエンスを高め気候変動に適応すること、そして第3に可能なかぎり温室効果ガスの排出量を削減ないしは取り除くこと、である。CSAアプローチの具体的な実相はそれぞれの地域や国の事例によって示されるが、そのエッセンスは温室効果ガス排出量の削減に努めながらもレジリエンスを高めて気候変動に適応しつつ、農業の生産性および所得と家計の水準が持続的に高まっていくよう地域に最適な農法を見出し、農家さらには国レベルでの食料安全保障を引き上げていくというものである。そしてCSAアプローチを踏まえた最適な農法は、その地域の諸条件とその条件変化の方向が類似した地域へ拡散していくことが望ましい。

　草地や林地を耕作地へ転換していけば、地球規模からみて長期的に土壌中の炭素は減少し、中ないしは大規模な自然災害によって農業部門は22％の経済的損失を受けるとされている。一方で、作物の作付け体系の変化、耕作と家畜飼養の有機的な結合、優良な種子の選択、灌漑の整備などにより農業生産の管理方法を変えるだけでも、収量は潜在的に平均7－15％程度増加すると推定されている（FAO, 2018b）。こうしてみれば、農法の改善により土壌炭素を増加させ、排出される温室効果ガスをそこに貯留して中・大規模な自然災害を予防ないしは防止することに役立たせ、そのためのレジリエンスを強化するだけでも農業開発の持続性が高まっていくのである。

　以下、CSAアプローチを具体的に明示するために、ここではFAOの報告

第2章　途上国における食料・農業の課題と対策

書が取り上げた10の事例の中から、地域性を考慮してアフリカ（ブルンジ）、アジア（バングラデシュ）および中南米（中米乾燥地帯）のそれぞれについて、ポイントのみを簡潔に紹介することとする。これらはいずれも、農業セクターがCSAアプローチを採用することで、近い将来さらに深刻化していくと予想される気候変動の脅威に対して備えている格好の事例である。

(1) ブルンジにおける気候変動に対応した農業生態系の管理

　ブルンジは今後さらに乾燥して気温が上昇する一方で雨季には短期間に雨量が集中すると予測されており、地下水が枯渇するほどの気温上昇と豪雨による土壌流出のなかで、農業セクターは食料を安定確保していかなければならない。

　そこで政府はFAOなどからの支援を得て、「カゲラ国境地帯における農業生態管理計画」（2010－14年）を実施した。プロジェクトでは、多分野の専門家によって構成されるチームにより環境劣化のあり様とその大きさが明らかにされ、また劣化を抑制・防止するための関与のあり方についてマップが作成された。そこでは、植生、生物多様性、水質などが調査分析され、またその劣化が対象地域の人々の生計や生態系システムのサービスに及ぼすインパクトが明らかにされるとともに、対象地域の気候変動に対応した農業生産の改善方法と持続的な土地管理が示された。

　この活動を通して、①対象地域のステークホルダーがプロジェクトの目的や方法を共有した、②プロジェクトサイトで農村コミュニティや地方政府のガバナンス力（地方分権化）が高まった、③詳細な調査分析により地域の生態的かつ生物物理的な特徴が明らかになった、④プロジェクトにはいくつかのCSAアプローチを組み入れており、対象地域におけるそれぞれの域内セクター間の連結および年度別活動計画の形成が農村コミュニティに支持された、⑤プロジェクトの実施がCSAアプローチを採用する対象地域の農業者の能力強化につながった、そして⑥プロジェクト活動に対する参加型内部評価が農業生態環境の計測やCSAアプローチの費用－便益分析に焦点をあて

49

た、などの効果が現れている。

　またプロジェクトの実質的な成果として、域内のプロジェクトサイトは50にのぼり、1,200名の農業者が研修を受け、土壌流出などにより劣化していた4,600haの農地を修復した。この過程で農業者は生物学的病害虫防除法を使い、農業の生物多様性を促し、水資源を有効に確保して利用した。プロジェクトはまた、農村コミュニティが植生回復を管理し、メンバーは長期的に開発の過程を見通すことができる姿勢へと変化した。

　かかるプロジェクトの実施を可能にしたのは、対象地域の地方政府や担当者の理解と支えがあり、また農業者などの受益者や農村コミュニティをはじめほかのステークホルダーがプロジェクトの計画、実施、評価のそれぞれの段階に参加して情報を共有しコンセンサスを作り上げていったところが大きい。このほかにも農業の生産性向上と所得増加のために、プロジェクトでは農産物の貯蔵施設が設置され、ホテル等との間で農産物の売買契約がなされ、また気候変動へのレジリエンスを高めるために高品質の種子が導入された。

(2) Floating Gardens：バングラデシュのCSA生産システム

　バングラデシュは、気候変動で豪雨が続き、雷雨が頻発し、そして海水面が上昇することなどにより深刻な洪水に見舞われている。土地が湛水化することで、作物が失われ、耕作地が乏しくなるなど、土地を利用した作物の栽培は次第にむずかしくなってきている。特に、南部の海岸地帯では1年のうちの6～8ヵ月は毎年水没した状態にある。こうした状況のもと、気候変動に対応しつつ地域の条件に適しまたレジリエンスの高い農法を採用していくことは、貧困で脆弱な人々の食料を確保するうえで優先的に取り組まなければならなくなっている。

　そこで、2015年にFAOは、農業者がもつ伝来の知識をベースに低平地でうまくいきそうなCSA生産システムの研究に着手した。目指すところは長引く洪水の季節を逆手にとって"Floating Gardens"に挑む機会を農業者に与えることである。これは在来の有機物で作られた浮き地に多様な野菜を播

種、栽培して収穫物を流通にのせるというものである。FAOの研究は、Floating Gardensの生産システムがどのように構築されまた農村コミュニティのレジリエンスと生計がいかに高まっているのかを実証することであった。研究は3つの地区で行われ、農業者、地方の普及指導員、農業資材供給業者、地方政府の役人とよく相談しながら進められた。農業者は6月から7月にかけて浮き地に長方形の床土を準備してそこに播種ないしは幼苗を移植する。栽培される野菜は30種類ほどであり、それらを混作ないしは間作して作付けする。

この試験研究の結果、Floating Gardensにはいくつかの優位性が認められた。①これまで湛水地だったところが耕作に引き入れられ耕地面積が広がった、②耕作に用いられた浮き地の肥沃度は平地よりも高まった、③肥料や堆肥の投入は不要ないしは慣行農法よりも少ない量で足りた、④耕作後のバイオマスは有機肥料として利用され地力が保持された、⑤洪水の期間中Floating Gardensは鶏や牛の避難所として使われた、などである。

Floating Gardensは環境保全的農法であって食料と栄養の安定確保に寄与しており、作られた有機野菜は重要な市場向けの産品である。その生産性、収益性および販売にはまだまだ伸び代があり、今後、研究／開発により付加価値がより一層高まるものと期待されている。

Floating Gardens生産システム導入の成果として、100m^2あたりの平均収益は在来の慣行農法を上回り、農家の所得は増加した。Floating Gardens生産システムは在地の技術と知識を長期間におよぶ洪水の時期に適用したものであり、洪水へのレジリエンスを高めた。この生産システムは、ほとんど無料で身近に入手できる汚染されていない有機資材（植物）で野菜栽培のための床土を作るなどして資源を循環的に利用することが重要な要素となっており、洪水がひけた後は分解された床土が耕地に撒かれ堆肥として使われる。

(3) 中米乾燥地帯での気候変動対応型アグロフォレストリーシステム

エルサルバドル、グアテマラ、ホンジュラス、ニカラグアの太平洋海岸地

帯の低地一帯は乾燥熱帯森林に覆われているが、乾季が長期化すると同時に時折激しい降雨と洪水に見舞われている。この傾向は気候変動によって毎年さらに強められており、農業生産および特に丘陵地の土地劣化に見逃すことのできない未曾有のインパクトをもたらしている。乾燥地帯では、これまで土地を切り開くために農業者は焼畑を用いてきた。

　FAOは、2005年から4年間にわたり伝統的な焼畑耕作からCSA生産システムへ転換するように穀物の生産者の意見を取り入れながら支援した。このプロジェクトは、国際熱帯農業センター（CIAT）と協働しながら15ヵ所において試行された。プロジェクトを進める過程において、地域の伝統知をベースにしたファーミングシステムである「伐採と被覆によるアグロフォレストリーシステム」(Slash and-Mulch Agroforestry System) に焦点があてられた。これは、あちこちに散在する在来の多目的な窒素固定樹木の間に穀物を等高線に沿って栽培するというもので、環境保全型農業の原理に適うものである。戦略的に穀物の栽培と樹木を共生させるこの方法は、干ばつになりやすい丘陵の斜面が土壌流出により劣化することを防止するうえで効果的である。

　かかるCSA生産システムを通じて樹木は次のような役割を果たす。①樹木がつくる陰で蒸発散量が減少する、②根の働きで土壌が保持され土壌流出や地滑りが少なくなる、③窒素を固定する種の樹木の落葉が土壌を肥沃にする、④木材、果実など農家にとって販売可能な生産物が多様化する、⑤風雨から作物や土壌を保護する、といったことである。こうしたアグロフォレストリーシステムは、土壌の改善、水分の保持、生産性の向上、気候リスクに対するレジリエンスの強化、温室効果ガス排出量の減少を通じて気候変動対応型であることが実証された。特に、メタン、亜酸化窒素の大気への排出量、土壌や樹木への炭素隔離量を計測した結果、CIATは地球温暖化のポテンシャルが伝統的な焼畑耕作のそれと比較して4分の1まで抑えられたとした。また、トウモロコシ、豆類、ソルガム、コーヒーなどの収量が増大し所得が増加する一方、整地と除草に要する時間が減少し労働力を大幅に節約するこ

第2章　途上国における食料・農業の課題と対策

とにつながった。

　以上、FAOの報告書から3つの事例を取り上げたが、それぞれ類似した生態系システムにおかれているほかの地域や国においても、取り組んだCSA生産システムの経験から何らかの教訓を引き出されることが期待される。ただし、具体的な実践のあり方とか規模などは場所ごとに多様で異なってくることはいうまでもない。要は、農業者が伝統的な知識や技能をベースにしながら地域によりよく適合したCSA生産システムをいかにして主体的に構築し、それを実行に移していくかという姿勢と能力に大きくかかっている。

環境再生型農業

　CSAから一歩踏み込んで、そのアプローチの枠組みを継承しつつもさらにより具体化した農法の技術として提案されているのが、環境再生型農業である。ここでいう環境再生とは、特に農地の土壌を修復し改善しながら自然環境を回復させていくという意味での再生であり、環境再生型農業とは、土壌の健全性を高めるさまざまな技術を組み合わせて温室効果ガスの排出源となる炭素を土壌中に隔離して貯留し、そこに種々の微生物が活性化して土壌の肥沃度を向上させ、その結果として気候変動を抑制し、レジリエンスを高め、作物の収量を増加させる農業のあり方である（板垣，2023）。

　環境再生型農業は、もともと欧米において肥料や農薬の過剰投入、農作業の機械化などにより疲弊してしまった土壌を回復させ、健全な土壌で安全な作物を栽培し、それでもって炭素ガスの土壌隔離により地球温暖化を抑制させレジリエンスを高めることを意図したものである（David R. Montgomery, 2018）。欧米で産み出された環境再生型農業を自然生態系や社会経済的条件が大きく異なる途上国の農業にどのように適用させて実現可能性の高いものにしていくかが、現在直面している大きな挑戦である。

　環境再生型農業は、種々の技術なり農法によって構成されている。そのなかで特に重要なものとして、不耕起栽培、被覆作物の活用、間作・混作ある

53

いは輪作などの作付け体系、合成肥料の適正利用と有機肥料の投入、が挙げられる。不耕起栽培は、いうまでもなく土を耕さずに作物を栽培する方法であるが、状況に応じて最少耕起による栽培もある。これによって風食や水食による土壌侵食を軽減でき、土壌が有機物を多く含んだ豊かな土壌へと復元し、大気中のあるいは植物体から発する炭素を土壌中に隔離し貯留することができる。被覆作物によって表土をカバーすれば、土壌侵食が防止また雑草の生長が抑制され、土壌中の有機物が増加し炭素の土壌隔離が促進されるという効果をもつ。穀物とマメ科作物あるいは穀物と飼料作物の組み合わせによる間作や多様な作物を同時に栽培する混作、一定の順序で異なる作物を同一の農地でローテーションして栽培する輪作は、土壌中の栄養素や微生物などで構成される土壌生態系のバランスを維持・回復させ、炭素を土壌に隔離し貯留する機能をもつ。有機肥料の投入は土壌微生物の働きによって有機物が分解され作物が生長に必要とするさまざまな養分を供給する一方で、土壌中の団粒構造が促進されて保水性や排水性、保肥力など土壌の物理性が改善される。有機物の分解が早くて土壌栄養分が流出しやすい熱帯の途上国では、適切な量の合成肥料を投入することが必要である。

　これらの主要な技術に加えて、もみ殻燻炭など土壌改良資材の投入、家畜の排せつ物や食べ残しの飼料を利用した堆肥づくりとその投入、溜池などを利用した貯水の適時・適切な潅水、その他未利用の作物残渣の堆肥化とその投入などを挙げることができるが、これら技術の開発と適用は、すべて健全な土壌づくりに寄与するという点において共通している。またレジリエンスを高める技術としては、天敵関係の利用などさまざまな防除方法を組み合わせて病害虫の被害を最小限に抑える総合的病害虫・雑草管理（Integrated Pest Management）、病害虫の被害を受けにくい抵抗性品種の開発などが挙げられる。こうして外敵から作物を守り生長を安定させることも、環境再生型農業の技術に関わる重要な構成要素である。

　環境再生型農業の技術レンジとしてはさまざまに存在するが、そうした中から最適な技術をいかに選択して組み合わせていくかは、おかれた農村の諸

第 2 章　途上国における食料・農業の課題と対策

条件や農家の意思決定に委ねられる。農家は、地域の自然生態系、社会経済的な諸条件をフィルターにかけて、自身の経営状況や経営方針に基づいて技術の選択と組み合わせを判断していかなければならない。環境再生型農業は注目されてきており文献の数も増加しているが、概念は構築されつつあるといってもそのアプローチに定説が存在するわけではなく、CSAと同じように事例をさまざまに積み重ねていくなかで、集めた事例を類型化し、土壌の健全化と収量増加の因果関係、土壌中の炭素貯留量の測定、土壌微生物の種類や増加の速度およびその相互関係や果たす機能など、科学的なエビデンスをもって解析していかなければならない[15]。

　さて、CSAにしてもまた環境再生型農業にせよ、農家にしてみれば一義的には食料の増産と所得の向上が農業経営の目的であり、それに沿うかぎりではレジリエンスの強化も大切であるが、温室効果ガス排出量の削減までには容易に意識や行動が伴っていかないのが現実であろう。したがって、農家がこのアプローチに向かうよう行動変容を促すためには、そこに何らかのモチベーションを働かせるメカニズムが必要である。例えば、先進国で活発に展開されているカーボン・クレジットの導入、すなわち温室効果ガスの削減量をクレジット（排出権）として発行し、企業などとの間で取引できる仕組みが出来上がれば、環境再生型農業も浸透していくであろう。
　レジリエンスを強化し温室効果ガス排出量を削減しつつ農業開発を進めていく枠組みとしてCSAと環境再生型農業を紹介した。これら農法の実践を含め、農業の生産性が上昇し農家の所得が増加して、その結果として農業開発が実質的に前進していくためには、農業者の主体性を引き出すほどの条件整備と政策的な誘導が必要である。

2-5　農業開発への条件整備と政策的誘導

農業開発への条件整備

　農業者が主体的に食料の増産と所得の増加に向き合うようにするためには、置かれている状況の条件整備が必要となる。それには開発された技術を普及するシステムと技術習得のために研修の機会が存在すること、農産物を販売する市場がよく機能し正当な対価を受け取れること、出荷、貯蔵、輸送、加工のルートとそれに関連する施設が整っていること、正確でタイムリーな情報が入手できること、営農資金の調達が容易であること、そして農業者と農村コミュニティが一体となって社会経済的機能が発揮できる効率的な組織が形成されていること、などである。ここでは整備されるべき必要な条件として、上述した普及と研修、市場の機能整備、ポストハーベストシステムの拡充、情報の入手、営農資金の調達、効率的な組織の形成の6点に絞り、これまで途上国の現地で調査し観察したことを踏まえて論じていくことにする。

　国や地方の農業試験場、研究機関、大学などで開発された実用的技術は、通常、普及システムなどの制度的媒介を通じて農業者へ伝えられていく。しかしながら、実態として開発された技術のポテンシャルが農家レベルで十分に発揮される可能性は決して高くない。恐らくはその30%も果たされていないであろう。それにはいくつかの理由が考えられる。開発された技術が農業者のニーズに合致していない、技術の習得に農業者の能力が追いつかない、そもそも農業普及員が技術をよく習得していないため農業者に伝えきれていない、などといったところである。新しい技術に対して、農業者が用心深く、なかなか受容しきれない態度を示すということもある。また新技術の導入には農業資機材を必要とし追加的な経済負担を余儀なくされるかもしれない。環境再生型農業技術のように収量の増加に対して即効的な期待がもてず農業者が容易に踏み切れないということもありうる。したがってこういった点に留意して、研究者、農業普及員、農業者が互いにパートナーシップとなって

第2章　途上国における食料・農業の課題と対策

コミュニケーションをよく取り合える参加型のプラットフォームを構築し、相互に理解を深めていくことが肝要である。そうすることにより、農業者のニーズに適した技術の開発と効果的な普及の方法、農業者が技術を受容する能力の向上を図ることが可能となるであろう。農業普及と農業者研修は、従来の巡回指導に加えて、オンラインによるミーティングや動画による技術の開示と伝達、SNSを通じて農業者の声を身近に拾いながら技術の指導と研修に役立てて展開していくことが望ましい。

　市場が整備されてその機能が十全に発揮されることは、農業者が所得を向上させるうえで不可欠である。市場には農産物の集荷・分荷、売買取引の場の提供などさまざまな機能があるが、特に価格を形成する場としてきわめて重要である。しかしながら、実際には後述する情報の不足や不正確、貯蔵や輸送の機能の不完全性などにより、価格が需給の実勢を適切に反映して決定されているとは限らず、また市場によって価格に大きな違いが生じたりする。価格が市場での需給調整を果たしていないということは、市場が競争市場の条件を満たすことなく価格の形成がきわめて不透明なことを意味しており、農業者は価格をシグナルとして栽培する作物の選択や組み合わせを適切に行うことができず、このことが計画的な栽培と出荷をむずかしくしている。非効率的な市場のために取引コストは高くなる傾向がある。そのため農業者は透明性の高い価格の受け取りと取引コストの低下を求めて、消費者や加工などの実需者と直接取り引きしたり、契約栽培により決められた価格で農産物を契約した企業へ納入する一方で、企業からは農業資機材の供給と営農資金の融資を受けるなどの仕組みを利用したりする。とはいえ、農産物取引の主流は市場流通なので、市場の価格形成機能を高めて農業者の信頼を得ていくことが重要である。市場が果たすその他のさまざまな機能、農産物の集荷・分荷、売買取引の場の提供に加えて、市場情報の提供、決済業務の円滑化、荷捌きの迅速化なども改善していかなければならない。

　農産物のポストハーベストシステムを拡充することは、収穫物の損耗や損失を防止し、またその付加価値を高めるうえで重要である。収穫した農産物

57

を一時的に貯蔵し市況の動向を見ながらその出荷時期を決めること、一次加工など単純な作業工程を入れて農産物の付加価値を高めること、安全性など品質保証のための認証を得ること、さらに農産物の鮮度や品質を保持しながら市場へ輸送することなどが、ポストハーベストシステムの拡充を促していく。そのためには冷蔵施設や加工場の設置、認証基準の手順に沿った農産物の栽培から出荷までの工程管理が必要である。輸送には冷凍・冷蔵コンテナを搭載した車両の配備と道路の整備が備わっていなければならない。このことは、農家が所得増加を実現するためになくてはならない要素であるが、実際には農業者が施設を設置しまた維持するための資金が不足すること、貯蔵や加工の施設を農業者グループで設置してもその運営が資金やノウハウの不足で立ち行かないこと、GAPなどの認証を受けても市場で農産物の差別化や売り上げの増加につながらないことなど、農業者の努力だけをもってしては解決の困難な課題に直面している。また車両の配備と道路の整備は民間セクターと政府が協力してその課題の解決にあたるべきである。いくつかの選ばれた農家や農村に資金やノウハウを集中させてポストハーベストの改善に向けた優良事例をつくり出し、そこを先行させてほかの農家や農村に波及させていくのも一つの有力な方法と考えられる。

　情報において重要なのは、情報の内容、情報へのアクセス、そして情報の利用の仕方である。情報には、農業資機材や技術の紹介、気象、土壌、他産地の栽培状況、出荷から輸送、流通、消費の動向に至るまでに関係する情報など多様なものが含まれており、それに対するアクセスも、新聞・テレビなどのマスメディア、ICTまでさまざまな手段がある。とりわけ価格などの重要なデータは、収益を最大化するうえで欠かせないものである。しかしながら、発信される情報が正確でタイムリーなものなのか、農業者が情報を切れ間なく受信できる体制になっているのか、そもそも情報を入手、選択し、理解するだけの情報リテラシーを農業者が備えているのかが問われるべき重要な問題である。情報リテラシーが欠如していれば、気象の急激な変化、市場価格の乱高下、病虫害の発生などのリスクに対する事前対応などレジリエン

第2章　途上国における食料・農業の課題と対策

スを高めることができなくなるだけでなく、新たな技術の導入や知識の活用による経営の改善をむずかしいものにする。前述したように農業技術の普及においては、農業普及員が伝達する情報だけでは十分とはいえない。そこで、公的な農業普及員だけでなく民間セクターやNGOが、農業者グループに対して、営農指導、農業資材や営農資金の提供、農産物の買い取りをパッケージとして行うなかで、これに関連する多様な情報を発信し、その理解と利用の仕方についても研修の機会を与え、結果として農業者の情報リテラシーが向上するというケースもある[16]。農業者は情報の入手と選択において幅が広がり、その利用が経営の改善につながっていくであろう。

　営農資金の不足は、常に途上国の農業者が直面している大きな問題である。資金不足は営農を発展させるうえで大きな制約要因となっているが、その主要な理由の一つには、資金借り入れのための担保物件が農家の側に不足していることおよび貸付利率が高いことが挙げられる。また農業者が銀行などの金融機関から借り入れる手順や方法に慣れていないことや借り入れに必要な情報を容易にアクセスできないこと、たとえ借り入れることができたとしても完済に不安が残ることなどもその理由に数えられる。農家は担保を要求されることなくいつでも資金の借り入れができる近くの私的な金融貸し付け業者とか大規模土地所有者などの富裕層に頼る傾向があるが、しばしば貸し付けが短期で高利ということもあり、返済が困難になれば、収穫物とか家畜さらには農地でさえも返済のための物件として充てる。また農外活動で得た収入を返済に回すという事態も起こる。借り入れは営農のためだけでなく生計を維持するためにも行われる。不作などに直面した場合には特にその傾向が強く、緊急の事態に際して農家のレジリエンスが低いことを暗示している。こうした資金不足に対応するために、これまでさまざまな取り組みがなされてきた。例えば、マイクロクレジットとして有名なバングラデシュのグラミン銀行は、農村の貧困層を対象に、低利、無担保で小口資金でも融資し、貧困層の経済的自立支援と農村の発展に大きく寄与してきた。グラミン銀行の成功事例は、その後、ほかのアジア諸国、アフリカ、ラテンアメリカの諸国

へも大きな刺激となって波及し、マイクロクレジットが融資の重要なツールとして広く認められるところとなった。現在では、NGOレベルで農業者をグループとして囲い込み、収穫物を担保として資金を貸し付けるケースが多くみられるようになっている。今後は、政府、民間、NGOがそれぞれまたは一体となって、利用の可能性が高いと見込まれそうな多様な融資チャネルを構築していくことが望まれる。

　農村コミュニティにおいて農家と農業者を組織化し、その効率性を高めて社会経済的な機能を発揮させることは農業と農村の発展にとって不可欠である。農業において、用水、施設、放牧地などコモンズの維持と管理、農産物の集出荷、加工、輸送には、農業者による組織化が必要である。その利用に対する対価は当然農業者が支払わなければならない。新しい技術の研修、知識と情報の共有、機械の共同利用、また各農家における労働力の過不足の調整、営農資金の貸借および圃場の整備においても組織化を必要とする。組織は農業者のニーズを満たすものでなければ持続しないであろうし、その運営と管理が健全で効率的かつ円滑に進まなければ組織は崩壊してしまう。前述したCSAアプローチにしても、農業者による相互協力がなければ、その実現はおぼつかない。そのほか農村をベースにおけば、森林資源や水資源など自然資源の利活用とその維持ならびに農村の環境と景観、生活空間の維持と保全についても、組織的対応がなければ果たされない。農業が変化していけば組織の果たす機能や役割もそれに合わせて変化していかなければならないが、組織の変革が遅れればそれが農業発展の足かせにもなることに留意しておくべきである。

　以上、農業者が主体的に食料増産と農業所得の向上に向かうための条件整備の必要性について述べたが、農業者やそのグループをもってして容易に解決できるものではない。前述した農業開発の目的と実践的枠組みも考慮に入れつつ条件整備には政策的な支援と誘導が必要である。

第2章　途上国における食料・農業の課題と対策

政策的誘導

　農業が温室効果ガス排出量の削減を果たし、農業者がレジリエンスを高めて気候変動に適応しつつ生産性および農家の所得と家計の水準を持続的に向上させていくためには、政府が農家に寄り添いながら多様なニーズを汲み上げつつ、農業と農業者・農家をその方向へ政策的に誘導していくことが望まれる。ここでは三つの誘導策を提示し考察することにする。

　一つには、農家に対して何らかのインセンティブを与えることである。先にカーボン・クレジットを導入することで、農家に温室効果ガスの排出量を削減するモチベーションが与えられるという政策について述べたが、そのほかにもさまざまな方法が考えられる。農家は、食料を安定的に確保するための資源の利用と作物栽培および収益を上げるための経営のあり方を一体的に考えるので、政府があるべき農業の姿を実現するためのガイドラインを作成し提示して、その道筋を明らかにする必要がある。例えば、コメの増産を政策目標に掲げるのであれば、政府が農家あたりの適正な稲作経営規模、用いる技術、目標収量などを設定し、その実現に必要な農業資機材への補助、技術の講習、コメ買い取り価格などをパッケージ化して農家に公示する方法である。農家はそのパッケージを受けて農地の規模を適正化し、自らの労働力や資金を調整、また用水管理を周到に行うことで、コメの増産と所得の増加に励むことになるであろう。こういった類のインセンティブの供与はこれまでにも途上国で幾度となく試行されてきたところである[17]が、問題は多額の財源を必要とすることである。財源が不足すれば、政策が打ち切りになるか、資金を援助機関から借り入れることになる。また農家が個人として営農資金を借り入れやすくするために、政府が貸付資金に利子補給するとか返済の時期を遅らせ償還期間を長期化するなどの措置をとり、また農村のコミュニティレベルで低利融資により用排水路の補修、機械の購入あるいは施設の設置をやりやすくするなどの政策支援が必要である。これも一種の政策的誘導であるが、資金不足で貸付利率が上昇すれば、その分利子補給のための財

61

源も膨らみ、政策が持続していかない恐れがある。農家を一定の方向へ誘導する政策は生産性を向上させ所得を増加させる効果をもつが、慢性的な資金不足が政策実行の大きな制約要因となる。資金不足を解消する一つの手段として農産物の輸出を促進して外貨を稼ぐとか輸出税や輸入税を課すことで税収を得るという方法もある。ただし、輸出促進策や関税政策が有効となるかどうかは、相手国の貿易政策や為替などマクロ経済の動向とも関係してくるので、容易には判断を下せない。

　二つ目には、前述した条件整備に政府が関与していくことである。この場合、政府が政策的に誘導していくというよりは、分権化された地方政府が、民間セクター、NGO、農業者グループなどで構成されたプラットフォームの場をつくり、そのなかで協議された提案や意見を政策に反映させていくというものである。条件整備の項目として挙げた普及と研修、市場の機能整備、ポストハーベストシステムの拡充、情報の入手、営農資金の調達、効率的な組織の形成は、いずれもこれに関わるステークホルダーの現場での活動を踏まえたコミットなしには前に進みそうにない。一方で、ステークホルダーの間で意見が対立し利益が相反していく事態も当然考えられる。その場合、政府が間に入って意見を調整し望ましい方向へ誘導していくことが求められる。例えば、農業者ないしは農業者グループが農産物に付加価値を付与するためにさまざまな加工を手掛けることがあるが、地元に立地する既存の食品加工企業と競合する事態が想定される。その場合には、政府が商品販路のすみ分けをするとか既存企業による技術指導の支払いを政府が農業者グループに肩代わりすることが必要である。また農業者や農業者グループに対して食品加工に関する情報の提供や活動資金の融資を政府が手助けするとか、あるいは施設の設置に補助金を与えることもありうる。言い換えれば「農業・農村の6次産業化」を推進していくうえで、政府が少なくない役割を果たすのである。このほかにも、政府が果たすべき役割はいろいろある。市場がさまざまな機能を発揮できるようにするための市場内のインフラ整備、市場価格の監視と調整、正確でタイムリーな価格データなどの情報提供、灌漑設備や道路

第 2 章　途上国における食料・農業の課題と対策

の維持管理と補修も政府が一定の関与で責任を負わなければならないであろう。諸々の条件整備が国内の努力だけで追いつかないときには、海外や国際機関から資金の借り入れ、技術の移転および人材育成の協力を、政策対話などを通じて支援の依頼を行うのもまた政府の仕事である。

　最後に、政府がマクロ経済さらにはグローバルな立場から農業の重要性を唱え、農業開発の推進に国民の賛同を得ていく強い政治的意志である。これを前提にして政府は農業発展に向けた積極的な誘導策を講じていくことができる。マクロ経済の見方からすれば、食料増産に努力を注がなければ、食料不足が価格の高騰ひいては栄養状態の悪化を招き、社会不安が増大していく。農村が貧困な状態に据え置かれたままであれば、都市と農村の経済格差は拡大し、国内の市場は広がらず、農村から都市へ確信的な展望をもたない労働力の移動が加速、経済全体が停滞し疲弊してしまう。したがって、食料増産と貧困削減のために政府が農業・農村開発のプロジェクトを継続的に立案し計画を立て、そこに財源や人材などの資源を注ぎ込んで実行に移し、何らかの目にみえた成果を出すことで国民から理解と共感を得ることができる。この場合には、農業に持続性をもたらすために自然災害や病虫害の防止策を講じるとともに、農業起源の温室効果ガス排出量の削減努力などでレジリエンスを高め、環境の保全に調和した農業のあり方を模索すべきである。しかしながら、実態は農業開発の重要性は認識しつつも、財源など農業部門に配分される資源が不十分となりがちであり、マクロ経済からみれば期待されるほどには農業開発が進んでいないという印象を受ける。またグローバルな立場から、農業起源の温室効果ガス排出量を削減するコミットメントを発すると同時に、農産物貿易の障壁を取り除いて正当な輸出価格が得られるように努め、また農業・食品産業の分野に海外投資を呼び込める環境づくりをすることが政府には求められる。

　以上、本章では、開発途上国における食料・農業の現状と課題、農業開発の意義と目的、農業開発の実践的枠組み、そして農業開発への条件整備と政

63

策的誘導について述べた。具体的な食料・農業の諸相と取り組むべき課題、農業開発のアプローチなどについては、地域ごとに途上国を発展段階別に分けて論じていけば、また異なった様相となってこようが、基本的には同じ方向の線上にあるものと考えられる。世界銀行は、"Agriculture and Food: What We Do"と題するニュースレターのなかで、農業開発を進めるために、気候変動対応型農業（Climate-Smart Agriculture）、データを駆使したデジタル農業（Data-Driven Digital Agriculture）、食料・農業開発のための資本の動員（Mobilizing Capital for Development in Agriculture & Food）、食料と栄養の安全保障（Food and Nutrition Security）、を中核の事業活動として支援していると述べている。

第3章　先進国における食料・農業の課題と対策

3-1　先進国の範囲と食料・農業の特徴

　ここでいう先進国とは、食料・農産物の生産と輸出の観点から世界の食料需給にきわめて大きな影響をもつ国・地域を範囲とする。具体的にいえば、アメリカ、カナダ、EU、オーストラリア、ニュージーランドである。また先進国というカテゴリーに入るかどうかは別にして、影響力の大きさという意味ではロシア（世界銀行では高中所得国に分類）もここに含めてもよいのではと考える。

　これら国・地域の大きな特徴は、EUを除けば広大な農地を有し、少ない労働力で機械や施設、バイオテクノロジーなどを駆使した先端技術、ICTやAI、ロボットの利用により高い労働生産性を達成していることである。高い生産性は大規模な食料余剰を産み出し、これが食料・農産物の輸出へとつながっている。言い換えれば、世界が売り先の市場になっているといえる。また一方では、土壌、水など生産資源の劣化と枯渇、森林、河川・湖沼など自然環境の荒廃による生物多様性の喪失、さらには農村景観の維持についても問題をかかえており、環境と資源の保全、景観の維持に配慮した農業の展開にきわめて積極的である。その背景には、これらの保全と維持によって農業生産の基盤が持続的なものにされなければならないとする意見や世論の高まり、消費者から資源と環境の保全に配慮した農法によって生産された安全な農産物を購入したいという要求が出されてきたからである。また温室効果ガスの排出量削減に向けた取り組みにも大きな注意を払っている。

　したがって、農業資機材の使用をできるだけ少なくして資源と環境および

景観の維持保全に配慮した農業が求める方向であり、安全な食料の確保と輸出の安定拡大が農業部門に期待されている。ただし、その具体的な展開は、企業的農業、家族農業などといった農業の経営形態と農場の規模、あるいは農業生産のシステムによって大きく異なる。またこれらの農業経営体を持続的に支えていくための政策のあり方も、農場の規模、生産部門、都市近郊の農村か遠隔にある農村かといった地域、さらには経営体の目的によって大きく異なってくる。要するに、輸出の拡大、営農を持続するための所得補償、資源や環境および景観の保全に対する支援など、目的に応じて政策の関わり方が大きく違ってくるのである。

　先進国はフードバリューチェーンがよく機能し、それを構成するそれぞれの部門が産み出す付加価値の連鎖がより大きな付加価値を産み出し、結果として最終消費者の期待に応じることができている。この流れを可能にしているのは、オンラインによる情報と関係するアクターの間のネットワーキングが緻密で、関係者間のプラットフォームを通じて、知識や情報のやり取り、人の交流によりビジネスチャンスが広がっているからと考えられる。また食品加工からロジスティックス、販売に至る過程で新たな商品やサービスが次から次へと創出され、またより効率的で機能的な機械や施設、システムが産み出されており、こうしたイノベーションがフードバリューチェーンをより活力のあるものにしている。フードバリューチェーンは国内あるいはEUの域内のみならず、海外でも活発に展開されている。前述したように、先進国の多国籍企業が世界中に製造と販売の拠点を張り巡らせて活動し、原料調達、一次加工、最終製品のそれぞれの段階を比較優位の高い国で行うといった国際分業システムが形成されている。また多国籍企業が海外投資という形態により、海外に工場あるいは農場を開設し、機材や施設を持ち込み、現地に技術を移転、生産のための原材料を調達、雇用を創出し、貯蔵庫を設けて、完成した製品を輸出ないしは現地投資先の国内で販売するという形態も存在する。

　フードバリューチェーンが有する諸機能を結合して産み出された品質が高

第3章　先進国における食料・農業の課題と対策

く、簡便で、安価な食品や農産物を消費者は享受できる立場にあるが、現在ではこれらの量的充足よりは健康とか安全性など質的拡充により高い関心を払い、また食品ロスの削減にも熱心に取り組んでいる。消費者は購入先をスーパーに求めるだけでなく、産直市場、朝市、アンテナショップなどで自ら品定めし、生産者や製造業者から栽培、加工のプロセスを直接対面で聴き取るとかWebサイトで確認したりする。とはいうものの、概して食料消費は飽和水準にあるといえ、これからも現在の消費状況が継続されていくものと予想される。一方、収穫した農産物を専ら輸出に傾注させている企業的な大規模農場では、国際市場で輸出相手先との契約ベースによる売り込みに際し商社を通じて行っているが、輸出国との間で激しい競争が繰り広げられており、どのように差別化を図って競争上優位に立つか凌ぎを削っている。輸入国においてもいかに有利な取引条件で買い取るかに深い関心をおいている。農産物貿易は、輸入国にとっては自国農業の保護、食品安全性の確保などの視点を考慮し、また輸出国にとっては価格ダンピングや関税措置、非関税障壁などをめぐり、しばしば輸出国間で激しい政治問題が生じていることは周知の通りである。多国籍企業による海外投資も、被投資国との間で課税や出資比率、海外送金などさまざまな投資条項をめぐり、しばしば摩擦を引き起こすケースが生じている。

　先進国の食料と農業において特徴的な点の一つとして、GAP、GMPおよびHACCPなど、それぞれ農業生産工程管理（適正農業規範）、適正製造規範、危害要因分析重要管理点として訳される農業生産および食品製造上の規範が制度として厳格に定められ、広く関係者の間に浸透していることが挙げられる。このうちGAPとは、安全で栄養価の高い作物の生産、自然資源の維持管理、持続可能な農業、社会のニーズに見合う農業への取り組みなど、農業の現場で適用されるべき原則をまとめたものである[18]。GAPの原則に従って農業生産を行っている農場にはGAP認証が付与される。この認証に基づいて農業が適正に実施されていることを社会が認識でき、環境に配慮した持続的農業や安全な農産物の提供について重要な手がかりとなっている。なお、

食品の安全性に関しては、世界的に安全な食品を提供するための食品安全マネジメントシステムとしてGFSI（Global Food Safety Initiative）が存在し、GAPも食品安全規格としてGFSIから認証を受けている[19]。食料安全保障には直結しないが、特にEUでは都市と農村の交流が活発に行われており、グリーンツーリズムやクラインガルデンなど農村に滞在することでそこでの体験が農業と農村を見直すうえで重要なツールとなっている。

3-2　食料と農業の現状と課題

次に、ここに挙げた6ヵ国・地域の食料と農業の現状および課題についてその概略を述べることにする。

アメリカ

ミシガン大学にあるCenter for Sustainable Systemsから発表されているU.S. Food System Factsheetによれば（Center for Sustainable Systems, 2023）、アメリカの国民は可処分所得の11.3％を食料に費やし、低価格の食品を豊富に消費している。1人1日あたり4,000キロカロリーの食料供給とされているが、実際にはその30-40％が食品廃棄物となっている。食生活の特徴として、肉類や糖類の消費が多くこれが肥満（成人の約41％）の原因となっていることから、肉類や糖類を抑え野菜や果実の摂取を多くする健康的な食事に切り替えるよう心掛けることを推奨している。その一方で、貧困な世帯では年間の一時期に食料不安に陥ることもあると報告されている。

農業就業者数は全就業者数の1％であるが、その60％あまりが55歳以上である。農作業はメキシコなど国外から来た雇用労働者に依存している。農業経営体の89％は家族経営であり、大規模な企業的農場は5％に過ぎないが、農業生産量全体のおよそ64％を占めている。耕作地の総面積は減少の趨勢にあるが、その背景には地下水が枯渇してきていること、土壌の劣化や流出が大きいこと、一部の水資源が汚染されていることとされている。遺伝子組み

換え作物の栽培が主流を占めており、2022年には、トウモロコシの93％、綿花の95％、大豆の95％が遺伝子組み換えとなっている。農薬（特に除草剤）の使用量が多く、また家畜飼養と土壌管理のあり方が主な要因となっている農業起源の温室効果ガスはその全排出量の10％を占めるとされている。したがって、環境と資源の維持保全に配慮した農業と温室効果ガスの削減、気候変動への対応が、現在、アメリカ農業の主要な課題となっている。

　温室効果ガス排出に伴う気候変動は、アメリカ農業に深刻な影響を及ぼしている。アメリカ環境保護局（United States Environmental Protection Agency）の資料によれば（EPA, 2023）、気候変動は、山火事や病虫害の発生、受粉の減少、土壌侵食、土壌の河川への流出、自然生態系の破壊、沿岸にある農地での塩害などを引き起こし、農業の生産性を大きく変化させ、また水域の低酸素症が魚介類を減少させる恐れがあるとしている。また気温と湿度の上昇は、農業従事者の健康を損ねまた家畜の健康と生産性を低下させる。このことが原因となって、間接的には農業および食料関連産業で雇用の機会を得ている人々にも深刻な影響を及ぼしている。したがって、気候変動に配慮した農法を採用することが必要であり、そのために、化学肥料や農薬の使用削減、有機物の投入、被覆作物の導入などによる土壌管理、気象予測ツールの利用、受粉の改善、家畜糞尿が分解される際に発生するメタンの回収などを実施するとともに、廃棄される食品を減らしフードバンクや困窮者に寄付することが重要と言及されている。

カナダ

　農業・農産食料省が発表している"Agriculture and Agri-Food Canada 2021-22"の報告書によれば（Ministry of Agriculture and Agri-Food, 2022）、2021-22年の時点で農業および食料関連産業からなるセクターは、GDP（2021年で総GDPの7％）、雇用（同年で総雇用の11％）および輸出（同年で総輸出額の14％）のそれぞれの面においてカナダ経済を牽引するうえで重要な役割を果たしている。カナダは、「農場から食卓まで」という概念のもとで、

文字通り農業生産から加工、貯蔵、輸送、流通、消費を包含するフードサプライチェーンの大枠で農業セクターを捉え、政策を実施している。

　国内消費者の食料需要は増加しているものの、このところ食料価格が高騰し、州によっては貧困世帯で食料不安に直面しているといわれている[20]。食品価格を安定させるために政府は食品タスクフォースを結成し、そのイニシアティブを流通業者と小売業者に当てている。家計総支出の14％程度が食料とそのサービスの購入に充てられ、消費者は簡便で多様な食品と健康的な食品を購入している。カナダの国土面積のうち農耕適地は7％ほどにしか過ぎず、耕作可能面積の大部分（80％以上）は西部のプレーリー地帯に存在している。この地帯では、農場が少なくとも400ha以上の広大な農地面積でもって、小麦、トウモロコシなどの穀類、キャノーラなどの油糧種子、肉牛の放牧と牛肉の生産を行っている。一方、プレーリー地帯とは対照的に大西洋岸の地域では、プレーリー地帯と比較して平均的な農場規模がはるかに小さく、酪農、養豚、家禽などの畜産部門および野菜、果実、花などの園芸部門といった集約的農業が展開されている。農業の生産性向上は、化学肥料や農薬の使用、改良種子の研究開発とその普及、農作業の機械化、農業教育による人材能力の開発によるものである[21]。

　そうしたなかで、いくつかの課題がみられる。気候変動への対応、環境と資源の維持保全、病虫害対策、労働力不足の解消、家畜と人の健康、農業経営の改善などである。こうした課題への取り組みはどの国とも共通するが、カナダにあってとりわけ重要な問題の一つが労働力の不足である。若年後継者の不足ならびに農業就業者の高齢化は深刻であり、その不足を出稼ぎの外国人労働者に依存しているのが現状である。出稼ぎ労働者においても待遇の劣悪さが問題になっている（Richard Bloomfield, 2023）。これらの問題解決にあたっては、農業就業者に寄り添ったきめ細かいアプローチが必要である。その具体策の一つが、土壌の健全性と再生を可能とするAgro-Ecology農業（土壌への有機物還元、被覆作物の導入、間作・輪作など作付け体系の工夫など）と有機農業への転換、そしてその農法を通じて生産された農産物を地

元市場へ販売することにより消費者に健康的な農産物を提供するというものである。もう一つは、生産資源や農業資機材の投入効率を改善し生産性を向上させることに寄与するデジタル技術などイノベーションの導入、収量増加と品質向上、気候変動に対応可能な新しい品種の開発と農家への導入・普及である。農業・農産食料省が2020年に発表した"Agriculture 2020: Challenges and Opportunities"においても（Ministry of Agriculture and Agri-Food, 2020）、豊富に存在する自然資源を存分に活用しつつイノベーションによる生産性の向上によって生産される農産物の提供が、手ごろな価格で国内外の食料需要の増加に対応しうるビジネス機会になるものと将来を展望している。

EU

EUは家畜飼料用に輸入される油糧種子や大豆ミールなどを除けば、ほぼ域内で自給可能で十分な食料にアクセスできるといわれているが、それでも生産できない、供給が不足する、あるいは高価になった食料・農産物が輸入によって補充されている。EUの人々は、肉類や牛乳、脂質とでんぷん質を多く含む食品を過剰に消費し、果実や野菜、穀類、豆類、ナッツなどの植物性食品が過少に消費され、糖分や塩分の過剰摂取とも相まって肥満率が高まり、そのことが生活習慣病の原因になっている。また生産された食品全体のおよそ20％はフードサプライチェーンのさまざまな段階で損失ないしは廃棄されている。その一方で、東欧を中心に人口の約8％が中程度から重度の食料不安に直面している[22]。

Policy PaperとしてInstitute for European Environmental PolicyとEcologic Instituteから発表された"Think 2023: European food and agriculture in a new paradigm"によれば、EUの食料・農業セクターは大きく変換されなければならないが、それはEUの新しい成長戦略として打ち出されたヨーロッパ・グリーンディールに沿うものとなければならないとする（Stephen Meredith, et al., 2021）。ヨーロッパ・グリーンディールは、

人々の幸福と健康の向上を目的として、温室効果ガスの排出量を実質ゼロにするカーボン・ニュートラルを実現し、動植物の生息環境を守り、誰一人取り残さず、人や地球にやさしく、経済に相応しい社会を実現していくというものである。そのために持続可能な食料の生産と消費がフードシステムのレジリエンスを保持するにあたり本質的な要件であることを、加盟各国が自らの課題として取り組んでいくことが肝要であるとする。したがって、持続可能な食料・農産物の生産と消費のフードシステムを構築することが、現在、EUにとっては農家の生産性・所得の向上と並んで重要な課題の一つとなっている。

　1960年代以降、資本、労働力の投入、農業資機材（機械、農薬や肥料の投入など）の使用を通じて生産性が向上し、穀類や肉類、牛乳を中心に農業生産が劇的に増加したが、その後価格支持制度も手伝って過剰生産となった。過剰生産を解消するために政策介入で農業生産を減少させ農家に対しては所得の直接支払いが行われた。集約的な農業は、自然生態系の悪化、生物多様性の減少、土壌中の残留農薬の蓄積や窒素負荷など環境の荒廃と資源の劣化を招くとともに、EUだけで地球上の11％を占める温室効果ガス排出量が気候変動を生じさせることになった。有機農業、保全農業、アグロエコロジーなどといった持続可能な農法がそのソリューションとして考えられているが、かつての投入財増投による集約的システムから資源や投入財の効率的利用と投入財の代替（有機物の施用とか生物農薬など）あるいは作付け方法の転換による環境保全的システムへの移行には、まだ科学的、政治的なコンセンサスが得られていないようである。最近では、農家の所得減少が大きな問題になっている。これは生産コストの上昇、外国との競争、さらにはウクライナからの安価な穀物の流入とそれに伴う市場価格の低迷、環境と資源の制約、それぞれの加盟各国に固有の要因、これらの結果として生産量が減少したことによるものである（Bernard Bourget, 2024）。

第3章　先進国における食料・農業の課題と対策

オーストラリア

　オーストラリアにおける食料と農業の現状と課題については、農業・水資源・環境省の傘下にある農業資源経済科学局が公表している資料に詳しく掲載されている（ABARES, 2024）。以下では、主としてこの資料に基づきポイントのみを記すことにする。

　オーストラリアは、世界で最も食料安全保障の高い国の一つにランクされており、国民の大多数は栄養のある食品を十分に購入でき、また手ごろな価格で調達された膨大な数の高品質な食品が国内外から選択可能であり、栄養不足の水準が世界で最も低い国とされている。農業生産量のおよそ72％（2019-20年）は輸出に向けられ、その意味では輸出を通じて国外の食料安全保障にも寄与しているといえる。一方で、家計において飲食品支出全体に占める輸入品への支出割合は11％（2016-17年〜2018-19年の3ヵ年平均）であり、消費者は国内の豊富で安価な食料・農産物を十分にアクセスできる立場にある。

　農業は土地利用面積の半分以上を占めており、大規模農場での平均農地面積は4,720a（2022年）にもおよぶが、その規模は次第に縮小の趨勢にある。また農業セクターが使う水の消費量は消費量全体の74％（2021-22年）にも達している。農業就業者数は25万7,000人（2023年）とされているが、その数は微減の傾向にある。代わって実態を正確には把握できないが、農業はかなりの数にのぼる海外からの労働者と農場で雇用される臨時労働者、契約労働者に依存しているといわれている。家畜の放牧はほとんどの地域で広く行われているが、穀類、野菜や果実など耕種作物の栽培は一般的に海岸に比較的近い地域に集中している。農林水産業の総生産額は2003-04年から2022-23年の20年間に実質で46％増加し、2022-23年の段階で1,001億ドルに達している。内訳としては、この間に、小麦、コメなどの穀類、野菜・果実、油糧種子、豆類、牛肉など肉類の生産の伸びが大きく、羊毛と牛乳の生産が大きく減少した。こうした農業生産の増加に寄与したのは、耕種部門では新しい技

術の採用と管理方法の改善による生産性の向上、畜産部門では世界の食肉需要の増加を反映した価格の上昇によるものとされている。そして生産の増加した農産物が輸出を主導してきた。

総生産額が増加して一見順調にみえるオーストラリア農業であるが、いろいろとむずかしい課題に直面している。一つは耕種部門の発展をこれまで支えてきた生産性の長期的な低下である。農業資源経済科学局の推計によれば、農場の年平均総生産性の伸びは2001-01年〜2021-22年間で0.60％であり、その前の22年間の2.18％に比較して明らかに低下している。もう一つは生産性の低下と関係する気候変動と市場価格の変動である。気候変動は降雨量の減少とその季節パターンの変化をもたらし、干ばつが耕種部門と畜産部門とでは影響に差はあるものの生産の減収を招いている。気候変動は国内の温室効果ガス排出量の12％から17％を占める農業セクターにも一因があり、その80％は家畜由来のメタンである。市場価格の変動は選択肢が限られている畜産部門で大きいとされている。生産性の向上と気候変動および市場価格への対応には、気象予測のデータ利用、精密農業など農業のデジタル化、農業資機材の利用最適化など、R&Dシステムの拡充による技術と経営のイノベーションおよびテクノロジーの創出と普及が不可欠である。

ニュージーランド

ニュージーランドで生産される食料・農産物は、国内消費というよりは多くの部分が輸出に回され、海外の市場が生産に向けた大きなターゲットとなっている。ニュージーランドは、穀類、牛乳・乳製品、肉類、野菜・果実、ワインなどを生産しているが、特に畜産物が農業総生産の79％（2018年）を占めており、しかも過去20年あまりの間に畜産物の主流は、羊肉・羊毛、牛肉の生産から牛乳・乳製品へと大きくシフトしていった[23]。これも輸出市場の動向を見極めながら、また国内での営農資金の減少、労働者の数と能力、フードサプライチェーンの変化、環境上のリスクなどを考慮したうえで、生産の構成を変化させていった結果である。そこでは、生産活動のプログラム

第3章　先進国における食料・農業の課題と対策

に国内外の消費者意識と消費行動の変容に視点をおきつつ、健康、教育、観光、イノベーションといった要素を取り入れながら市場の機会を的確に捉え、知識や情報を有効に活用し、人的能力を向上していくことが主要な原動力となった（Ministry for Primary Industries, 2023）。逆にいえば、これら農畜産物に対する輸出需要が減退し輸出価格が低迷すれば、ニュージーランド農業は厳しい経済状況に追い込まれることになり、農家は所得の減少と債務返済コストの増加に苦しむことになる。事実、最近では、乳製品、食肉および林産物の輸出が中国からの需要減退により減少し、農家の経営が苦況に立たされたと伝えられている（RNZ, 2023）。

これに加えてニュージーランドが抱えている重要な問題は、単位面積あたり農業起源の温室効果ガス排出量がOECD諸国のなかでは最も多いとされ、羊や牛から放出されるメタンがその3分の1も占めているといわれている点である（P. Dalziel et.al., 2018）。家畜飼養に強く傾斜している国で、メタンを早期かつ低コストで減少させるのは決して容易でない。このほかにも、化学肥料の増投や酪農への転換という農業の集約化により大気中に排出されるアンモニアガスの量が増加していること、それが原因となって土壌が酸性化しかつ窒素の過多で生物多様性に変化が生じていること、また集約化により土壌中の窒素やリンが溶脱して農業用水の水質が悪化していること、農業バイオガスの焼却が大気中に炭素を排出しそれが健康被害を与えていることなど、環境の劣化が深刻になってきている。ニュージーランドでは、気候変動による干ばつなどの気象災害に備え、環境と資源の保全に努めつつ、国内外における市場需要の動向を見極めながら、高い収益性が期待される農業生産への転換と品質の向上、その輸出の促進が重要な課題となっている。

ロシア

長期化しているロシアのウクライナ侵攻により、世界の食料価格や肥料価格、エネルギー価格への深刻な影響が懸念されているが、そのロシアの食料と農業が現在どのような状況になっているのか、実際にはそれほど多くのこ

とを知る機会がない。

　FAOの資料によれば、深刻な食料不安に陥っている国民はほとんど存在せず、ロシアに飢餓の脅威は存在しないとされている。農業は経済の中でも潜在的に経済成長の牽引力をもったダイナミックに発展しているセクターの一つである。穀類（小麦、トウモロコシ、大麦、燕麦、ライ麦）とその加工品、肉類と魚介類およびそれらの加工品、ジャガイモ、甜菜、食用油、その他の主要な食料・農産物は、完全に自給自足している。乳製品、野菜、果実の生産は国内消費のかなりの部分を占めている。穀類（特に麦類）、油脂製品、魚介類などは輸出を主導し、2021年では農産物の輸出額が377億ドルに達した[24]。

　ロシア農業の概観について記述した論文によれば（Azimzhan Khitakhunov, 2020）、世界銀行のデータによる同国の農業付加価値額（2010年固定価格）は、2000年の459億ドルから2019年には662億ドルへと増加した。ロシアの農業開発は国家主導であって、主として大規模な農場を所有する民間とのパートナーシップに基づいており、その発展には国営農業銀行が融資を通じて支援するなど重要な役割を果たしているとされている。農業生産の増加と食料・農産物の輸出拡大という国家目標は過去20年間に望ましい成果を挙げ、今では農産物の国際市場における輸出国としての地位が高まってきている。その一方で、大多数の自給自足的な小規模農家は取り残され、また一部の食料・農産物は生産性の向上が需要の伸びに追いつかず輸入に依存している。ロシアがさらなる飛躍を遂げるためには、小規模農家への支援と並行させながら乗り越えなければならないいくつかの課題がある。

　ロシア農業省が公表している統計データや経済分析などに基づいて記述された論文（Irina Baranova & Lyudmila Borisova, 2023）のなかで、食料安全保障を確保するうえでの脅威として、一部の農産物の輸入依存、気候変動、輸送と貯蔵などインフラの不備、研究と技術開発の遅れ、農業就業者の脆弱な能力を、また食料安全保障への機会として、農業生産の増加、農産物輸出の拡大、農業セクターへの投資拡大、農村への支援をそれぞれ挙げている。

技術開発は生産効率の上昇と食料・農産物の品質向上にとってきわめて重要であり、開発された技術を活用していくためには農業人材の能力向上が伴わなければならないとしている。研究では、バイオテクノロジーや精密農業の進展、新品種の作出、食品加工技術の開発、食品ロスの削減などが課題として取り上げられている（Nadezhda Orlova et.al., 2023）。なお、地球規模で深刻な問題になっている気候変動は、ロシアでは地球温暖化で作物の生育期間が長くなり収量が増加するという意見がある一方で、地域によっては干ばつや暑熱で収量が減少するという意見もあり、その影響は見通しにくい状況にある[25]。

3-3　輸出国・地域としての国際市場への影響

統計にみる生産と輸出

　ここに掲げた国・地域が、中国、インド、ブラジルなどとともに世界の食料・農産物の主要な生産・輸出国であり、国際市場に大きな影響を及ぼしていることはいうまでもない。先に、中国、インド、ブラジルについて世界の位置を示したように、ここでも先進国・地域の位置を、同じくFAOのStatistical Yearbook 2023を使って確認してみよう。

　表3-1は、アメリカ、カナダ、EU、オーストラリア、ニュージーランドおよびロシアについて、2021年の作物総生産量、主要な作物と肉類の生産量の世界の総生産量に対する比率を、また表3-2は、それら輸出額の世界の総輸出額に対する比率をそれぞれ示したものである。統計は2021年の単年であり、数値が最近年の代表値を示すというわけでないが、ここでは作物と肉類の生産と輸出の現状を概略的に把握することを念頭においているため、この時点での最新である2021年のデータを使って表示した。

　表3-1をみると、作物総生産量はアメリカが世界の総生産量の7.7％、EUが6.7％を占めており、両方で14.4％に達する。穀類では、アメリカが14.5％、EUが9.7％であり、両方で24.2％に達している。穀類のなかで小麦はEU、ト

表 3-1　主要 6 ヵ国・地域における作物総生産量などの世界に対する比率
（2021 年）

（単位：1,000 トン，%）

	作物総生産量	穀類	小麦	トウモロコシ	肉類	牛肉	鶏肉	牛乳
世界の総生産量	9,489,900	3,070,645	770,877	1,210,235	357,392	72,466	121,588	883,818
アメリカ	7.7	14.5	5.8	31.7	13.7	17.6	17	11.6
カナダ	0.9	1.5	2.9	1.2	1.5	1.9	1.1	1.1
EU	6.7	9.7	17.9	6	12.3	9.5	8.8	17.2
オーストラリア	1.1	1.7	4.1	0	1.7	2.7	1.1	1
ニュージーランド	0	0	0	0	0.4	1	0.2	2.5
ロシア	2.4	3.8	9.9	1.3	3.2	2.3	3.8	3.6

注：EU は加盟 27 ヵ国である。
　　作物総生産量は、穀類、糖類、野菜、油糧種子、果実、根茎類、その他作物で構成され、肉類は、牛肉、豚肉、鶏肉、その他肉類で構成される。
資料：FAO, Statistical Yearbook 2023 をもとに筆者が作成。

ウモロコシはアメリカのシェアが大きく、EUは世界の小麦生産量の17.9％を、またアメリカはトウモロコシ生産量の31.7％を占めている。ただし小麦に関しては、ロシア（9.9％）がアメリカよりもシェアが大きく、アメリカ（5.8％）に続いてオーストラリア（4.1％）、カナダ（2.9％）となっているのに対して、トウモロコシはアメリカに次いでEU（6.0％）、これに続いてロシア（1.3％）、カナダ（1.2％）となっている。小麦生産はこれら諸国・地域で広く生産されているが、トウモロコシの生産はアメリカに大きく偏っている。

表3-1では、作物のなかで穀類を取り上げ、また穀類のなかでも小麦とトウモロコシを代表させたが、注に記したように作物総生産は、穀類のほかにも、糖類、野菜、油糧種子、果実、根茎類、その他作物で構成され、また穀類は小麦とトウモロコシのほかに、コメや大麦とかライ麦などその他麦類などがあるが、ここではこの二つの穀物に限定した。これらの作物を含めて数値を追っていけば、また別の見方が出てくるかもしれない。また肉類も牛肉と鶏肉に代表させたが、ほかにも豚肉、羊肉、その他の肉類がある。その肉類であるが、肉類の総生産量シェアは、アメリカが13.7％、EUが12.3％を占めており、両方で26％に達している。内訳をみると、牛肉ではアメリカが17.6％、EUが9.5％、鶏肉でアメリカ17.0％、EU8.8％となっており、牛肉、鶏肉ともにアメリカのシェアが大きい。EUは表には示されていない豚肉の生産量が

78

第3章　先進国における食料・農業の課題と対策

表3-2　主要6ヵ国・地域における食料総輸出額などの世界に対する比率（2021年）

（単位：100万USドル，％）

	食料総輸出額	野菜・果実	穀類・調製品	肉類・調製品	油脂類	乳製品・卵類
世界の総食料輸出額	1,663,365	308,406	243,605	179,448	134,953	103,878
アメリカ	9.2	8.3	14.5	13.4	2.7	6.2
カナダ	3.7	2.8	6	4.4	3.8	0.3
EU	34.5	33.1	32.3	39.9	22.2	56.4
オーストラリア	2.3	1.1	4.6	6.2	0.6	2.1
ニュージーランド	2.7	1.5	1	5.8	0.2	19.2
ロシア	1.8	0.5	4.3	0.8	3.9	0.4

注：EUは加盟27ヵ国である。
　　食料総輸出額は、野菜・果実、穀類およびその調製品、肉類およびその調製品、油脂類（バターを除く）、飲料類、乳製品および卵類、糖類および蜂蜜、その他食料で構成される。
資料：表3-1と同じ。

アメリカよりもはるかに多い。牛肉のシェアが大きいのは、アメリカ、EUに次いでオーストラリア（2.7％）、ロシア（2.3％）であり、鶏肉のシェアが大きいのは、アメリカ、EUに次いでロシア（3.8％）である。さらに牛乳をみると、世界に占めるそのシェアはEUが17.2％、アメリカが11.6％であって両方で28.8％となり、これに次いでロシア（3.6％）、ニュージーランド（2.5％）であるが、特に小国であるニュージーランドのシェアの大きさは注目に値する。ニュージーランドは牛肉でも1.0％のシェアである。

次に、**表3-2**によりそれぞれの国における主要な食料・農産物の輸出についてみていくことにする。ここでは、輸出品を野菜・果実、穀類およびその調製品、肉類およびその調製品、油脂類（バターを除く）、乳製品および卵類として取り上げた。食料の総輸出額には、このほかにも飲料類、糖類および蜂蜜、その他食料が含まれる。食料総輸出額でみると、世界の輸出シェアはEUが突出していて34.5％を占め、これにアメリカ（9.2％）、カナダ（3.7％）、ニュージーランド（2.7％）、オーストラリア（2.3％）、そしてロシア（1.8％）と続いている。これを作物と畜産物（肉類＋牛乳）を合計した総生産量の世界シェアと比較してみると、ロシアを除いたすべての国・地域で総生産量よりも輸出額のシェアのほうが大きい。特にEUはすべての品目にお

いてシェアが大きいが、それに続く国は品目によってさまざまである。野菜・果実はEU（33.1％）に次いでアメリカ（8.3％）、穀類およびその調製品はEU（32.3％）、アメリカ（14.5％）、肉類およびその調製品はEU（39.9％）、アメリカ（13.4％）、油脂類はEU（22.2％）、ロシア（3.9％）、乳製品および卵類はEU（56.4％）、ニュージーランド（19.2％）である。穀類や肉類の生産量シェアと同様にそれらの輸出額シェアもEUとアメリカで大きなシェアを占めるが、特筆すべきは、生産量シェアとの比較でカナダとオーストラリアは、穀類およびその調製品ならびに肉類およびその調製品の輸出額シェアが大きいこと、ニュージーランドは乳製品および卵類、肉類およびその調製品の輸出額シェアが大きいことである。おしなべてロシアを除いた国と地域は輸出を志向して農業生産を展開していることがわかる。ロシアにしても、穀類およびその調製品、油脂類はほかの品目に比べて相対的に輸出額シェアが高いが、これは小麦と油糧種子に輸出余力があるからにほかならない。

　もっともEUでは世界の輸入額シェアも30.1％（2021年）と大きいので、EUでは域内各国間での輸出入も含め食料・農産物の国際取引が活発であることがわかる。参考までに世界の輸入額シェアが最も大きいのはアジア地域の36.5％、アメリカのシェアは10.8％であった。

アメリカとEUの貿易政策と貿易交渉

　食料・農産物の輸出は、上述した国や地域だけでなく、中国、インド、ブラジルにおいても活発であり、このほかにアルゼンチン、メキシコ、ペルー、タイ、ベトナム、インドネシアなども輸出国として国際市場に加わってくる。もちろんその国際市場への影響力は無視できないが、これらの諸国は一部を除いてどちらかといえば、生産した食料・農産物を国内市場に仕向け、余剰が生じた場合には輸出に向けるというタイプである。ロシアもその範疇に入るといえる。ただしブラジルやアルゼンチンのように、輸出に注力しつつ国内市場とのバランスをはかるという国が存在することには留意しておかなければならない。

第3章　先進国における食料・農業の課題と対策

　ところで、先に統計で確認した国・地域を輸出額の比重が大きい順に並べてみると、ニュージーランド＞オーストラリア＞カナダ＞EU＞アメリカ＞ロシアであり、ニュージーランド、オーストラリアおよびカナダは、輸出競争力が高いゆえに国際市場で関税など貿易障壁の制限がない自由で公正な取引を望んでいる。EUならびにアメリカは自国あるいは輸出相手先の農業者、地域の利益保護とか関心事項にも配慮しながら、関税の削減など競争を歪める措置の撤廃を話し合うWTO交渉が停滞するなかにあって自由で公正な取引を望む一方で、経済連携協定（EPA）とか自由貿易協定（FTA）といった協定を通じて特定の国や地域との取引拡大に向かうことに重点を置いている。アメリカにせよEUにしても、さらに競争力を向上させて輸出の拡大に努めていることはいうまでもない。アメリカとEUは世界をリードする食料・農産物の輸出国・地域であるだけに、貿易政策の展開には目が離せない。
　アメリカの貿易政策は、基本的には輸出振興にあたり一義的には多国間アプローチであり、次善の策としてFTAあるいはEPAを用いるというスタンスである（Jim Grueff, 2013）。そのために自由で公正な貿易に資するグローバルな環境をつくって貿易障壁を取り除く努力を払うとともに、部分的に二国間協定あるいは地域連携協定をベースに自由貿易協定を交渉・締結し、貿易取引を拡大していくというものである。アメリカは日本や韓国など既存の市場へのアクセスを維持・拡大するとともに、経済発展が著しい東南アジアあるいは中近東の諸国など新しい市場を開拓している。アメリカにとって中国は最大の輸出相手先であるが、政治外交の軋轢で貿易取引が頓挫している。したがってその代替市場としてインドなどの南アジア諸国やアフリカ諸国に市場を拡大する戦略を打ち出しているものと考えられる。その具体的な動きとして注目されているのが「インド太平洋経済枠組み」である。中国を除く東アジア諸国と東南アジア諸国、インド、オーストラリアなどのオセアニア諸国を構成国とする14ヵ国とアメリカの間でパートナーを結んで相互に経済協力を実施していくというもので、貿易の面では各国が設けている衛生植物検疫（SPS）や貿易の技術的障害（TBT．規格および適合性評価手続き）

81

などの非関税障壁の撤廃をめぐる協議の場と位置づけている。こうした非関税障壁が撤廃されれば、アメリカの穀物、畜産物、乳製品などの輸出が増加すると見込んでいる（Will Snell, 2022）。とはいえ、そのアメリカといえども、実際には非関税障壁が存在しまた市場拡大のために輸出補助金を使用あるいは輸出を志向する農業者へ財政的な支援を与えるなどの政策を講じている[26]。

　EUにおける貿易政策のスタンスも、アメリカとそれほど大きな違いがあるわけではない。WTO協定に基づく多国間アプローチであり、それと並行してFTAあるいはEPAを用いるというものである。WTOでの貿易自由化に向けた交渉が停滞するなかにあっても、EUは粘り強く協議を続けており、世界に共通したルールに基づく貿易取引システム、国際貿易市場の近代化、開放的な協議の場づくり、WTOへの途上国の加盟促進、持続可能な貿易政策に対するWTOの支援強化などを目的として、今日の世界経済を捉えた国際貿易に関するルールブックの更新、WTOのモニタリング機能の強化、WTO紛争解決制度の膠着状態の克服を主導的に進めようとしている（European Commission, 2024）。EUはまた、世界各国との間で二国間協定や諸国連合とのパートナーシップ協定を締結している。これら協定は、EUに加盟していないヨーロッパ諸国、アフリカ・カリブ海・太平洋諸国、中近東諸国、北米・中米・南米諸国、アジア諸国・オーストラリア・ニュージーランドなど広範にわたっている。二国間協定およびパートナーシップ協定では、FTA、EPAを交渉・締結するほかに、地理的表示（GI）、投資保護協定（IPA）、衛生植物検疫（SPS）などについて交渉や協議が行われ、その一部は合意に達している。またEUでは、輸出入の健全なバランスを維持し域内市場の安定を保持するために、貿易統計データの収集・分析、食料・農産物貿易のモニタリング、将来見通しなどを行い、レポートや研究報告書として発表している（European Commission, 2024）。EUでもアメリカと同様に、輸出を振興しまた域内の農業を保護するためにさまざまな政策手段が用いられている。生産と貿易を推進するための農家への直接支払い、輸出補助金、農産物の特恵関税、関税率割り当て、各種の非関税障壁など（Alan

第 3 章　先進国における食料・農業の課題と対策

Matthews et al., 2017）のほか、貿易取引で合法的かつ持続可能な方法で生産された食料・農産物であれば輸入するといった仕組みをグローバルなルールとして構築することを模索している（Francesco Rampa et al., 2020）。

　アメリカとEUは世界の食料・農産物の輸出大国であるだけに、これまで双方の間では貿易政策をめぐる激しい論争が展開されてきた。現在、貿易政策上の争点は市場アクセスと非関税障壁の取り扱いである。アメリカはEUとの食料・農産物貿易において大幅な赤字が持続的に拡大しており、アメリカの輸出業者にとってEUに対する市場アクセスの改善はきわめて重要な事項である。その改善を阻んでいるのが、衛生植物検疫、貿易の技術的障害、そして地理的表示などの非関税障壁であり、ここに協議の焦点が絞られている。衛生植物検疫および貿易の技術的障害は、食料や飲料、家畜飼料などに含まれている添加物、毒物や汚染物質さらには病害虫の蔓延に起因したリスクから人、動物、植物を保護するのに政府が行使する法律、規制、標準およびその手続きに関わるものであり、EUは食肉生産でのホルモン剤使用、鶏肉加工での滅菌処理を禁止、また農業生産でのバイテク利用を制限しており、このことが長年アメリカとの間で輸出入をめぐる論争となってきた。また地理的表示は、EUの域内およびEUと正式な貿易協定を締結している諸国で生産された食料・農産物の生産地を表示するものであり、EUおよびほかの諸国向けのアメリカ産輸出を制限するものとなりがちである。アメリカはEUのこうした禁止や制約に対してEU産食料・農産物の輸出に報復関税を課している。これまで双方の間で交渉と協議が幾度となく繰り返されてきたが、食品の安全性、公衆衛生、食料・農産物の地理的表示に関する規定や行政手続き上の隔たりはあまりにも大きく、いまだ決着に至っていない（Renée Johnson, Andres B. Schwarzenberg, 2020）。

　このように、アメリカとEUは貿易政策をめぐる論争が展開されている結果として、貿易が歪められ、貿易取引コストが上昇し、また農業者と消費者の利益が損なわれているが、EUにしてみれば、域内の農業者と消費者がこの措置によって、福祉、強靭性、食料安全保障が守られていることも事実で

あり、共通農業政策による国内支援措置が農業者の持続可能性を高めているという重要な側面もある。農業者に対する国内支援となれば、程度の差こそあれアメリカについても同様のことがいえる。非関税障壁の問題を短期間に解決するのはきわめてむずかしいであろうが、貿易拡大のために今後とも粘り強く交渉と協議を続けていくことが必要である。問題解決に向けた一つの糸口として、電子SPS認証というデジタルツールにより、野菜などの植物性食品、加工食品の取引量にプラスの効果がもたらされたという報告もある(27)。

輸出国・地域としての国際市場への影響

　貿易はその形態が多国間、二国間および地域連携のいずれであるとしても、輸出入を通して農業者やフードサプライチェーンに関わっている雇用者の生計向上に重要な役割を果たし、世界の食料不安の軽減に寄与し、さらには消費者が購入する商品選択の幅を広げる。食料・農産物の貿易は2001年から2019年の間、実質で年率およそ7％の成長に達したといわれている。貿易は、食料と農産物という物的レベルだけでなく、グローバル・フードバリューチェーンの展開が広がるなかで、これに関わる加工、貯蔵、輸送、流通、販売に至るサービスなどを含めたあらゆる活動を活発化させてきた。

　食料・農産物の輸出の流れは、アメリカ、カナダ、EU、オーストラリア、ニュージーランド、ブラジルなどを中心とする国・地域から東・東南アジア諸国などへ向かい、さらにはこれらの国・地域の間で輸出入が活発に行われている。また中国やインドといった大国において貿易の取引が大きいことは前述した通りである。

　例えば、1997年と2022年を対比させたアメリカ農産物輸出の地域別シェアを示した**図3-1**によれば（USDA, 2024）、この間に農産物総輸出額が629億ドルから1,960億ドルへと増加するなかで、シェアを伸ばしたのは、東アジア（34.0％→34.7％）、北アメリカ（19.4％→29.0％）、東南アジア（5.0％→7.7％）、南米およびカリブ海（6.9％→7.2％）、中央アメリカ（1.8％→3.5％）、

第3章　先進国における食料・農業の課題と対策

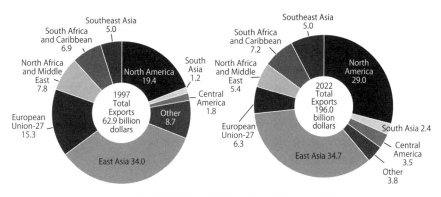

図 3-1　アメリカ農産物輸出の地域別シェア（1997 年、2022 年）

資料：USDA, Economic Research Service using data from the Foreign Agricultural Trade of the United States (FATUS), U.S. Agricultural Trade at a Glance

南アジア（1.2％→2.4％）であり、逆にシェアを低下させたのは、EU（15.3％→6.3％）および北アフリカおよび中東（7.8％→5.4％）であった。こうしてみれば、アジア地域の伸びは経済発展による所得の増加や食生活の変化を背景として、従来からの穀類、油糧種子などに加えて、乳製品、肉類、野菜・果実およびそれらの多様な加工品など付加価値の高い食料・農産物をアメリカから輸入していることによるものである。

北アメリカ地域の飛躍的な伸びは1994年に北米自由貿易協定（NAFTA）が締結・発効され（NAFTAは2020年に呼称がUSMCAへ変更）、域内での商品やサービスの貿易障壁が撤廃されて、公正な競争条件のもとで国境を越えた移動が促進されたからにほかならない。EUのシェア低下は、前述したようにEUにおける非関税障壁の存在などに起因した貿易摩擦によるものである。そのEUにおいては、域内での輸出入取引は当然のこととして、イギリスなどEU以外のヨーロッパ諸国、アメリカ、中国、日本、ロシアなど多様な国に輸出している。

主要な輸出国・地域が食料・農産物の輸出を通じて国際市場に及ぼす影響にはさまざまな側面が考えられるが、ここでは3つの点を指摘しておきたい。

85

一つは、貿易規模が拡大していくなかで、主要な輸出国・地域と主要な輸入国・地域の間で食料・農産物が取引されることにより国際市場の寡占化が進んでいるということである。市場の寡占化により、貿易の取引規模、取引される食料・農産物の範囲および取引の価格が先決されることになる。また二国間協定とか地域連携協定では、これらの事項が事前協議によって決定され、輸出国・地域が主導的な立場にたつことから、輸入国・地域は決定された条件を受け入れざるをえない。特に、日本とか韓国のように国内の農業生産基盤が脆弱な国では、食料需要を賄うために一定量の輸入はやむを得ない。これらの国にとって輸入される食料・農産物が相対的に安価で安全性が保証されしかも品質が高く均質であれば、比較優位のない品目は輸入されることになる。とはいえ、過度な輸入は国レベルでの食料安全保障に大きな課題を残すことになる。

　二つ目は、輸出国・地域あるいは輸入国・地域で決めている通商上の法律や制度、原則や規則が、そのまま国際市場での取引に適用される可能性があるということである。アメリカとEUの間でみられる非関税障壁は、EU側にとってみれば、食品や農産物の安全性確保、病害虫の侵入防止、通関上の手続きなど域内のルールに即して設置されているものである。また環境、景観の保全とか資源の維持、食料安全保障の確保などといった非貿易的関心事項も、輸入する側からみれば自国の農業・農村を守るうえで必要である。しかしながら、これらのことが輸出国・地域にとっては自由で公正な貿易を妨げる要因とみなされ、その撤廃や緩和を相手国へ要求しがちである。アメリカは遺伝子組み換え作物に対する市場開放の拡大を要求事項としてしばしば挙げている。EUにしてみれば、グローバルGAPで定める高い品質基準をクリアした農産物でなければ、輸入を受け入れることはむずかしい。EUからは環境に配慮した生産工程で作られた農産物が、グローバルGAPの保証に裏付けられて輸出されている。

　三つ目は、食料・農産物の輸出は、モノとしてだけでなくサプライチェーンを通じて輸送や物流などのサービスにおいても、国際市場で取引の対象に

第3章　先進国における食料・農業の課題と対策

なりうるということである。輸出国・地域側が貯蔵、輸送など物流に注力していかなければ、輸出品の販売は実現しない。このことは当然のことながら輸入国・地域側でも買い付ける立場から強くコミットしていかなければならないが、国際市場でどちらが優位にたつかは双方のバーゲニングパワーによるであろう。貯蔵や輸送を輸出国・地域がイニシアティブを握るとしたら、モノの流通が輸出国・地域の意向や判断に大きく左右されることになる。COVID-19パンデミックの時にも輸送や物流の停滞が大きな問題になったが、こうしたサービスの国際市場への影響には、もっと強い関心を払っていくべきであろう。

　最後に、ロシアによるウクライナ侵攻が、食料・農産物の国際市場に及ぼす影響についても触れておかなければならない。ロシアとウクライナは、穀類、油糧種子において世界でも有数の生産国であり輸出国である。例えば、小麦でいえば、2016/17-2020/21平均で、ロシアは世界の生産量と輸出量のそれぞれ10%と20%を、またウクライナは3%と10%を占めている。両国は、穀類では小麦のほかにトウモロコシ、大麦など、また油糧種子ではヒマワリ種子の生産・輸出国でもある。とくにヒマワリ種子はウクライナが世界最大の生産国であり、ロシアとともにそれは植物オイルとして輸出され、両国で世界の輸出量の75%を占めている。ヒマワリのほかにも、菜種、大豆が油糧種子および植物オイルとして生産・輸出されている。ロシアはまた、世界トップクラスの天然ガス、原油、石炭など化石燃料エネルギー源の産出国であるとともに、窒素肥料のトップ輸出国であり、カリ肥料およびリン肥料の供給・輸出国でもある。しかしながら、ロシアによるウクライナ侵攻は、世界の穀類と油糧種子および肥料の需給に甚大な影響を及ぼしており、またそれらの国際価格が高騰し続けている。エネルギーと肥料の価格高騰は農業生産のコスト高とこれにともなう食料価格の引き上げにつながっている（OECD, 2022a）。中東、北アフリカは両国から主として穀類を輸入している地域だけに、この地域で続いている紛争に食料の不足が深刻な影響を及ぼしており、政治をさらに不安定なものにしている。

3-4　食料安全保障の戦略と政策

　先進国の農業政策は多岐にわたっているが、ここでは食料安全保障政策に関係した現行の戦略や計画について、国・地域別にみていくことにする。

アメリカ Strategic Plan Fiscal Years 2022-2026

　アメリカ農務省（USDA）は、現在、「戦略計画2022-2026」（Strategic Plan Fiscal Years 2022-2026）のもとで6つの戦略目標とそれぞれの目標達成のための具体的な活動内容を定めている。以下、それに沿って述べていくことにする（USDA, 2022）。

戦略目標1．農地、自然資源およびコミュニティの気候変動への対応
戦略目標2．レジリエンスを有し繁栄する農業システムの確立
戦略目標3．すべての農業者に対し公平かつ競争的な市場の提供
戦略目標4．すべての消費者に対し安全で栄養価の高い食料の供給
戦略目標5．農村とマイノリティ集落に対し経済開発と生活の質改善に向けた機会の拡大
戦略目標6．USDAの職員が誇りをもち動機づけられるようにすること

　それぞれの戦略目標の活動内容を示せば、

　戦略目標1は、農地の健全性と生産性を向上するために気候変動に対応した農地管理とそのために科学を応用すること、農林業が気候変動に対応できるよう努力を払うこと、清浄で豊富な水資源を確保するために水域を回復・保護し保全すること、土壌への炭素隔離を増加させて温室効果ガス排出量を削減するとともに低炭素エネルギーによる解決手法を開発するなどしてビジネスの機会を創出すること。ここでは、気候変動対応型農林業と再生可能エネルギーへの投資が温室効果ガス排出量の削減とすべての関係者に対して新しい市場の機会を提供するとされている。

　戦略目標2は、主要な病虫害、獣害を最少化することで農業の健全性を保

第3章　先進国における食料・農業の課題と対策

持すること、レジリエンスを備えたフードシステム、インフラおよびサプライチェーンを構築すること、農業イノベーションを育成すること、また歴史的に顧みられることがなかったコミュニティがUSDAのプログラムにアクセスできるようにすること、が期待されている。

戦略目標3は、イノベーションを促がし気候変動へのレジリエンスを高め再生可能エネルギーの利用を拡大することで持続可能な経済成長を実現していくこと、環境に配慮した農業とそれに伴う斬新な農産物を作り出す技術の出現により市場を拡大すること、貿易協定に関する協議とその行動にすべての関係者が加わりグローバル市場へアクセスできるようにすること、国際的な食料・農産物流通への機会を拡大するとともに途上国への技術支援と能力開発を通じて追加的な市場需要を創り出すこと。ここでは、農業者が環境に配慮した農業の実践により収穫された農産物が市場へアクセス可能となるために、新しい手段、基金、研究が大きな助力になるとされている。

戦略目標4は、栄養が豊富な食品を手ごろな価格で消費者がアクセスできるよう支援することで食料の安全保障を増進すること、データを重視し消費者に焦点をおいたより柔軟なアプローチにより健康的な食事の選択を促すこと、食品に原因がある病気を防止し公衆衛生を守ること。ここでは、人々が最適な健康と福祉を得るために安全かつ手ごろな価格でアクセスできる食料を入手でき、食料と栄養の安定確保を実現可能とする投資から消費者が利益を享受するようにすることとされている。

戦略目標5は、農村とマイノリティ集落のインフラを整備、融資へのアクセスを向上、そこに居住する人々の能力を向上、経済的な自立性と持続性を向上、農村とマイノリティ集落で環境に配慮した持続可能な経済開発を進展すること。ここでは、農村とマイノリティ集落が、ICTの利活用、清浄な水や再生可能エネルギーの入手を可能とするインフラ整備へ投資することで利益を享受することとされている。

戦略目標6は、USDAの職員が、業務の多様性、公平性、包摂性、透明性に留意するとともに説明責任の素養を身につけること、常に顧客を中心にお

いてインクルーシブで高い成果を残せる能力を備えること、優れた技術の活用と問題解決の方法を共有化することでUSDAとしての業務実績を高めること。ここでは、USDAの役職者やスタッフがともに健全でインクルーシブな態度をとり、彼らの優れたポテンシャルでもって誰しも歓迎され、尊敬され、支援するという態度と素養を身につけて、人々とともに協働していく能力が必要とされている。

またUSDA農業政策局は、グローバル食料安全保障局およびアメリカ国際開発庁（USAID）、その他の関係部局と協力して、深刻化する世界の食料不安に向き合い途上国農業の発展に寄与すること、輸出を通じてアメリカ産の競争力のある高品質な農産物への市場アクセスを改善すること、そのために相手国の保護主義的な貿易制限（衛生植物検疫措置など）に対して交渉するとともに輸入品の安全リスクを監視すること、自国で開発されたバイオテクノロジーを使った食品・農産物を世界の食料安全保障を高めるためにその理解と利用を促すこと、などといったようにグローバルな立場からもアメリカは農業政策をリードする立場にあるとしている[28]。

このように、アメリカの戦略計画は、気候変動に対応した農業システムの持続的な発展およびバイテクノロジーなどを駆使した生産性の向上により、競争力を維持しつつ世界に開かれた市場を目指している。

カナダ Sustainable Canadian Agricultural Partnership

農業・農産食料省は、2023-2028年間の農業ビジョンとして「持続可能なカナダ農業パートナーシップ」（Sustainable Canadian Agricultural Partnership）を掲げ、連邦政府、州政府および地方政府の間で協定を結び、5ヵ年間で35億ドルの予算を使い、農業および食料関連産業の競争力を向上させ、新たなイノベーションを創出し、レジリエンスを強化することを目的としている。これによって、気候変動への対応、新しい市場の開拓と輸出の振興、食料に対する国内外の消費者ニーズの充足を進めていこうとするものである。このパートナーシップは、グエルフ声明（Guelph Statement）で

第3章　先進国における食料・農業の課題と対策

合意された次の5項目に焦点を当てている。すなわち農業・食料セクターの生産力、成長および競争力の構築、気候変動と環境、科学／研究とイノベーション、市場の開発と貿易、レジリエンスとパブリック・トラスト、がそれである（Government of Canada, 2023）。それぞれの項目について優先されるべき領域をグエルフ声明にしたがって挙げれば、以下のように整理できる[29]。

　農業・食料セクターの生産力、成長および競争力の構築では、新たに出回る農産物に加工などの付加価値をつける機会を支援すること、技術、デジタル化、人工知能の開発と適用で生産力を向上すること、労働の意欲とその持続性を喚起するために研修および作業の自動化を進めること、次世代の農業者を育成すること、効率性の改善、食品の損失・損耗の削減、バイオ経済の育成により経済の機会を拡大すること。

　気候変動と環境では、利益管理の実践（Beneficial Management Practices）と技術の適用により気候変動に備えまたそれに対応すること、温室効果ガスの排出量を削減し炭素隔離を進めること、土壌、水、大気を保全し再生すること、生物多様性を保護しその生息地を改善すること。

　科学／研究とイノベーションでは、気候変動に取り組みまた新しい市場の機会を有効活用すること、農業、農学および付加価値の研究を支援すること、新しい技術の開発と適用を推し進めると同時にエネルギーの効率を高めること、再生可能な生物起源の産物を商品化へ向けて準備あるいはその起業化を支援すること、データの収集、成果の計測、知識の交流と移転を普及活動により進めていくこと。

　市場の開発と貿易では、カナダの貿易関心事項を実現ないしは調整することに力を注ぐとともに科学に基礎をおいた貿易ルールを進展させていくこと、市場を多様化し国際貿易の障壁除去に努めること、国内外における市場開発の機会をうかがい輸出の準備を怠らないこと、一次産品とその加工品を国内外の需要に適合させること。

　レジリエンスとパブリック・トラストでは、フードバリューチェーン全体のレジリエンスを高めること、ビジネス・リスク・マネジメント（BRM）

プログラムを導入すること、気候変動などリスク・マネジメントに前向きな態度で取り組むこと、動植物の健全性と動物福祉を守りかつ高めること、農業セクター向けの保証システムを開発し取り入れていくこと、安全で高品質の食料の持続的な生産に向けて意見を出すようにすることならびに消費者の期待が農業セクターへ反映されるようパブリック・トラストを打ち立てること、農業者と食品製造者がメンタルヘルスを自己管理できるようエンパワーすること、彼らの健康と安全性を確保すること。

カナダの持続可能な農業パートナーシップは、以上述べたように、人材の育成、科学／研究とイノベーションによる競争力の維持向上、気候変動に対応したレジリエンスの強化、新しい市場の開拓と輸出の振興、パブリック・トラストを踏まえた食料に対する国内外の消費者ニーズの充足などを柱にして、具体的な政策を進めていこうとしている。

EU CAP for 2023-27

EUは共通農業政策（Common Agricultural Policy：CAP）のもとで農業政策の大枠が決定され、食料の安定供給、農家の所得確保、資源・環境の保全、農村の活力維持などを果たすために取り組んでいる。最新の政策は2021年に採択されたCAP for 2023-27に基づいて進められており、特に小規模農家に支援の焦点を絞っている。以下、EUの公式Webサイトで紹介されている"Common Agricultural Policy for 2023-2027"に依拠してその政策概要を食料安全保障に関係する部分を中心に紹介する（EU, 2022）。

CAP for 2023-2027には10の主要目標が掲げられている。農業者の公平な所得の確保、競争力の向上、フードバリューチェーンにおける農業者の地位向上、気候変動対策、効率的な資源管理、景観と生物多様性の保全、世代交代への支援、農村の活性化、食品の安全性と健康の維持、新たな知識とイノベーションの創出、がそれである。そしてこれらの目標がEUを構成する各国でCAP戦略計画を策定する基礎となっている。CAP for 2023-2027はまた、ヨーロッパ・グリーンディールの中核をなす"Farm to Fork"戦略[30]およ

第3章　先進国における食料・農業の課題と対策

び生物多様性戦略を達成するための重要なツールになるともいわれている。

　10の主要目標についてもう少し踏み込んで目標達成のための活動内容を説明すれば、農業者の公平な所得の確保では、長期的な食料安全保障と農業の多様性を高め、農業生産の持続的な経済可能性を確保するためにEU全体の農業収入と農業セクターのレジリエンスを支援するうえで必要な措置を組み合わせること、競争力の向上では、研究・イノベーションプログラム、新技術の創出、農村開発とインフラの整備、効率的なアドバイザリーシステムの構築、農場経営者向けの継続的な研修、農業のデジタル化を一層進めること、フードバリューチェーンにおける農業者の地位向上では、農業者間の協力関係の強化、市場の透明性の向上、不公正な取引慣行に対する効果的なメカニズムの導入などにより農業者の立場を強化すること、気候変動対策では、土壌管理技術を通じて温室効果ガス排出量の削減、炭素隔離の強化に努めるとともに再生可能エネルギーの開発を促進すること、効率的な資源管理では、特に土壌の健全性について注意を払いその機能を回復させ化学物質への依存を減らすこと、景観と生物多様性の保全では、農業を通して農地に存在する生物種を保護するともに生物多様性の損失を防止し生息地と景観を保全すること、について述べている。また世代交代への支援では、若年農業従事者の課題とニーズを明らかにし、彼らに的を絞った支援システムにより課題を克服し成功へ導くようにすること、農村の活性化では、農村における雇用機会の創出、農業への女性参加、社会的包摂による地域開発などを促進すること、食品の安全性と健康の維持では、高品質かつ安全で栄養価の高い食品の供給により健康を維持するとともに食品ロスの削減、動物福祉の改善に努めること、そして知識とイノベーションの創出では、研究によって生み出された新たな知識や技術のイノベーションを農業普及により農業者が共有しまた活用できるよう研修によって彼らの能力を高めること、について述べている。

　このことから、EUの共通農業政策は長期的な食料安全保障と農家の所得維持・確保を達成していくために、気候変動に留意しつつ資源、環境および景観の保全に配慮し、新しい知識と技術のイノベーションによって競争力を

向上させていくという方向が示されている。また安全で健康的な食品の供給は食料安全保障上の重要な農業の役割であるとしている。

オーストラリア Delivering Ag2030

　農業・水資源・環境省は、2022年4月にDelivering Ag2030（第4版）をリリースし、2030年までに農業生産粗付加価値額1,000億ドルの達成を目標（前述したように2022-23年の段階で1,001億ドル）にすると発表した。その詳細は原文に記されているが（AG.DAWE, 2022）、ここではその要点だけを以下に整理することにする。

　オーストラリアの農業生産粗付加価値額は2021−22年で868億ドルとされ、この年には山火事、干ばつ、洪水、COVID-19パンデミック、さらには世界的な貿易の分断があったにもかかわらず、農業セクターは付加価値額を増加させた数少ない産業の一つである。農業および飲料・食品関連産業に53万前後の人々が従事している。農業セクターを支えているのは旺盛な国内外の需要であり、農産物のおよそ70％が輸出に向けられている。国内消費の90％以上は国産であり、食料安全保障が十分に確保されている。1,000億ドルの目標を達成し維持していくためには、農業の生産性と効率性を高め、あらゆるビジネス機会を捉えていかなければならない。農業の成長には、農産物輸出の予測、消費者選好のシフトを考慮に入れなければならないが、農産物貿易の場では競争が激化し、輸出入国の関係もまた大きく変化していくかもしれない。グローバル市場の動向いかんでは輸出の状況が大きく変動し、競争の結果、国際価格は低下して輸出利益が伸び悩む恐れもある。輸出業者は新しい市場を開拓するとか貿易フローの変化を有利な形に取り込んでいかなければならない。今後、市場、サプライチェーン、貿易関係は次第に複雑になっていくことが予想され、この変化に迅速かつ積極的に対応していく必要がある。一方、国内においても、気候変動に対するレジリエンスを強化し、生産性を向上させ、また安全で高品質の食品という名声を高めると同時に、地球規模で増大するバイオセキュリティへの脅威に備えて病害虫の防除対策を維

第3章　先進国における食料・農業の課題と対策

持していかなければならない。

　Ag2030の目標の達成と維持および上述したさまざまな内外に抱える課題の克服に向けて、政府は農業セクターに対して継続的な投資をその一部として積極的に財源を投入し、また農業セクターに適切な形で介入していかなければならないが、とりわけ以下の7項目がそのために重要であるとしている。輸出、バイオセキュリティ、資源管理、サプライチェーン、水資源とインフラ、イノベーションと研究および人的資本、がそれである。輸出は、主要な相手先と結びつくことで農業を強化しまた農業者に新しい貿易の機会と市場アクセスを与える。バイオセキュリティは、その対策を通じて外来の病害虫から防御、オーストラリア産の農産物の名声を維持し、農業、環境、健康および地域コミュニティを保護するなど、農業者の市場アクセスの改善、コストの低減にとって決定的に重要である。資源管理は、農地や水など資源の確保と保全が農業者に利益をもたらす。サプライチェーンは、それが公正かつ強靭でレジリエンスの高いものであれば関係者すべての利益につながる。水資源とインフラは、農業者、地域コミュニティを支える。イノベーションと研究は、農業のイノベーションシステムを近代化することで、農業の生産性と競争力の向上に大きく寄与する。人的資本は、農業やサプライチェーンに関わる人々やコミュニティがさまざまな支援策にアクセスでき、またインフラの利活用、技能研修の機会をもつことを可能にする。

　オーストラリアのDelivering Ag2030は、農業セクターを資本投入とさまざまな政策によりさらに強化して、農業生産粗付加価値額1,000億ドルの目的を達成することを掲げている。国内外における市場の拡大、研究とイノベーションによる生産性と効率性の向上およびそれによる競争力の強化、資源管理と気候変動に対応可能なレジリエンスの強化、サプライチェーンの公正化と強靭化など、EUの共通農業政策と重なる部分が多い。

ニュージーランドPolicy Perspective

　ニュージーランドにおける農業政策の大枠は、2017年にリリースされた

New Zealand Agriculture: A Policy Perspectiveに示されている（MPI, 2017）。ニュージーランドは、1980年代半ばに実施された農業政策改革以降、生産と貿易に歪みを与える政策（輸出補助金など）はほとんど消失し、農業者に対する補助もきわめて少なく農業受取額に対する政府からの補助金の割合は2019－21年間ではわずか0.8％に過ぎない。ほとんどの農産物価格は世界の市場価格と同列になっている（OECD, 2022b）。したがって農業者は国際市場で多くの輸出補助を受けている相手国の農業者と競争しなければならない。

　農業政策は、家畜の疾病予防、自然災害に対する救済支援、バイオセキュリティ、農業関連の知識と情報の発信にほぼ焦点が絞られている。その他にも政府予算は土壌侵食の防止、灌漑設備の拡充に使われているが、農業セクターに対する支援のGDP比率は2019－21年間でわずか0.3％でしかない。自然災害に対する救済支援では、農業の持続性を高め地域住民の生計を維持するために最近大規模に発生した干ばつや洪水に対して少なくない額の復旧予算を計上している。2021年に政府がリリースした"Good Farm Planning Principles: Towards Integrated Farm Planning"（適正農場計画原則：総合化された農場計画に向けて）では、バイオセキュリティ、動物福祉、温室効果ガス、淡水などの管理に対してアドバイスする人材にスキルを施し、農場のデータと情報の分析ツールを具備させるための投資を掲げている。政府はそのほかに、最近では冬季の集約的な家畜放牧に利用できる農場計画モジュールの共同開発、農業者と農業セクターのさまざまなグループ、広域自治体、学識経験者など関係者との連携強化をねらいとしたプロジェクトへの融資、温室効果ガス排出権取引の草案作成とその配布、動物福祉の視点から船舶による生体家畜の輸出制限、農産物の市場アクセスを含むイギリスとの自由貿易協定の合意など、を手掛けてきた。

　ニュージーランドは、基本的な政策のスタンスを、家畜の疾病予防、自然災害に対する救済支援、バイオセキュリティ、農業関連の知識と情報、データ分析結果の発信に留め、農業への政策介入は可能なかぎり抑えて市場のメ

カニズムに任せる姿勢が貫かれている。

ロシア

世界銀行が出版した"Policies for Agri-Food Sector Competitiveness and Investment"（World Bank, 2017）によれば、ロシアの農業・食料セクターは、1990年代初頭以降、生産、総要素生産性、貿易収支は大幅に改善されてきたものの、作物や家畜の生産性は比較対象とする諸国と比較し依然として遅れをとっているとされている。生産性が向上していけば、フードバリューチェーンの収益性が向上し、国内だけでなく海外からの投資が誘発されていくものと期待されている。そのために政府は、比較優位が高い農業の生産部門に対して生産性を向上させるための投資拡大、フードバリューチェーンにおける高付加価値の実現、労働生産性を向上させる技術革新と営農上の人材能力の開発が必要としている。

OECDの"Agricultural Policy Monitoring and Evaluation"（OECD, 2021）によれば、国家農業開発計画は農業生産の拡大と食料・農産物の輸入代替を目指しているが、直近の政策は、輸出ポテンシャルの開発、輸入の国内市場からの閉め出しに加え、種々の政策手段が頻繁に変更または場当たり的になっており、面積あるいは家畜頭数あたりに割り当てられる政府支払いが市場を歪める結果を招いている。政府は農業セクターの競争力を持続的に高めかつ長期的な成長を実現するために、インフラ整備や技術革新などに投資の焦点をあてるとともに、作物の安全性と家畜の健康を強固なものにしようとしている。競争力を高め長期的な成長を実現するためのもう一つの決定的な領域は、研究／開発と技術・知識の移転である。特に輸出においては、新しい海外需要の動向と市場機会を把握する知識やスキル、市場需要の変化に対応する新しい技術・手法の開発とその適用が必要であり、そのためには農業およびアグリビジネスに関係する人材の育成、投資やビジネス環境の整備が伴わなければならない。環境にやさしい農産物に対する需要が国内外において増加してきていることから、農業セクターはこの機会を有効に活かし

ていくべきである。こうした開発プログラムを実施していくためには政府の予算措置とともに、ビジネス投資家の関心が引き寄せられるよう農業セクターがかなり魅力的なものでなければならないとしている。また一方で農村での生活条件の改善に資する人材も開発されなければならない。

ロシアは、政策目標を国内外の需要変化を見越した持続的な競争力の向上に置いており、そのためにインフラ整備や技術革新への投資、作物と家畜の安全性確保、スキルと知識をもった人材の開発を目標実現のための手段としている。

以上、本章では、先進国における食料・農業の特徴および現状と課題、輸出国・地域の国際市場への影響、それぞれの国・地域の食料安全保障に関わる戦略と政策について述べてきた。特に、食料安全保障に関する戦略と政策は、それぞれの国・地域でほぼ共通していることが理解できる。気候変動への対応、レジリエンスの強化、資源・環境・景観の保全と維持、競争力の向上、輸出の増加、フードバリューチェーンの効率化、安全な食料・農産物の供給などである。加えて、これら諸国には、世界の食料安全保障のために輸出を通じた安価で安全かつ高品質な食料の安定供給、食料不安国に対してはさらなる食料援助、農業開発協力を共通して取り組んでいく責任があるといえる。

第4章　わが国の食料安全保障
―その課題と対策―

ここまでの振り返り

　これまで述べてきたように、世界は相互に深く結びつきながら、食料が生産され、流通しそして消費されている。とはいえ食料の生産と分配は地域的に大きく偏っており、世界は飢餓と飽食の格差が以前にもまして拡大している。前述したように世界の栄養不足人口は現在6億9,100万人から7億8,300万人の間にあるとされ、世界の食料不安人口となれば24億人にも達すると推定されている。食料不安人口はサハラ以南アフリカ地域および南アジア地域に大きく偏在している。食料不安を抱える地域と国は、もとより農業の生産性水準が低いうえにその生産が不安定で、気候変動とそれに伴う災害や病虫害、家畜感染症の発生などに対するレジリエンスが脆弱であり、そこに人口の増加、紛争の激化、資源の枯渇と劣化および地球温暖化の加速が加わり、農業生産の見通しが不透明である。さらには、貯蔵、加工、輸送に関わるインフラが不備なこと、市場や情報へのアクセスと所得の格差が国内の地域や世帯の間に食料の不均衡な配分をもたらしている。

　それでも世界における食料需給の将来見通しは、さまざまな不確定要素を含みながらも全体としてみれば概ね均衡して進んでいくものと展望されている。その大きな理由は先進国の食料供給力が大きいからである。貿易や投資を通じて、開発途上国では不足する食料を輸入で補い、また資本や技術の移転あるいは国際協力を通じて農業生産のポテンシャルが底上げされていくことが望ましいが、貿易や投資にしても現状では首尾よく生かされているとはいえない。食料・農産物の国際市場が少数の輸出入国・地域によって寡占化

し、海外投資も市場志向の高い一部の作物を除けば途上国の食料生産の拡大には向かっていかない。とりわけ食料・農産物の貿易は自由で公正なルールづくりがむずかしく、むしろ二国間の自由貿易協定や複数国による地域連携協定を通じて国・地域レベルでの囲い込みが進んでいる。

　その先進国においても、農業生産の基盤は、土壌の流出と劣化、水資源の枯渇、森林の荒廃と生物多様性の減少など自然資源の劣化によって脆弱になっており、気候変動により資源と環境の劣化、気象災害はより一層深刻化している。また、労働力の高齢化と不足、生産資機材やエネルギーの価格高騰、輸送費の上昇などにより農業の経営環境も悪化している。食料・農産物に対する国内市場の需要拡大は期待すべくもなく、激しく競争する輸出市場に活路を見出すしかない。栄養過多による健康被害と食品のロスは消費者側の深刻な問題であり、適正な食生活のガイドラインに沿った食事の改善と廃棄される食品や農産物の減少およびそのリサイクル化は重要な課題である。発展したフードバリューチェーンが、情報や知識、技術のデジタル・トランスフォーメーションを手段とする食料の生産・加工・流通に関係する業界と業種の密接な結合により、新たな市場ニーズを発掘し育て、そこに新たなビジネスチャンスを求めることに活路を見出そうとしている。

　こうした食料と農業を取り巻く国際環境のなかにあって、わが国の食料安全保障はどうあるべきかを問いかけるのが本章の課題である。以下、食料安全保障に向けた政策指針ならびに食料安全保障の現状と課題、気候変動への技術対応について振り返り、最後にさまざまな課題を克服していくためにどのように考えていったらよいのか、またわが国が世界の食料安全保障にいかなる役割と責任を果たすべきかについて、検討していくことにする。

4-1　食料安全保障に向けた政策指針

あらためて食料安全保障とは？

　食料安全保障について、あらためてその概念を整理することにしたい。

第4章　わが国の食料安全保障

FAOは、食料安全保障を1996年の世界食糧サミットで「すべての人が、活動的で健康的な生活のために、食事のニーズと食品の好みを満たす、十分な安全で栄養価の高い食品を常に物理的および経済的にアクセスできること」と定義した。また食料安全保障のもつ多面的な性質を表すために、食料の入手可能性（十分な量が存在している）、食料へのアクセス（手にすることができる）、食料の利用（食べることができる）、食料の安定性（いつでも手にすることができる）を取り上げた。FAOは食料安全保障をマクロ的な食料需給の視点から述べているというよりは、世帯あるいは個人のレベルからみて、安全で十分な栄養価の高い食品というニーズを満たすために、その食料が手近なところにあってしかも手ごろな価格でいつでもどこでも安定的に確保あるいは購入できる状態にあることを述べている。物理的あるいは経済的に脆弱な立場にある世帯や個人がそうした状態を維持できないときに、そのリスク対応あるいはリスク管理として政策が出動する（FAO, 2006）。これは特に多くの食料不安人口を抱えている途上国に向けた食料安全保障の概念といえるであろう。

　これに対して、わが国の農林水産省は、1999年に公布・施行された食料・農業・農村基本法では、食料安全保障について概ねその内容を「すべての国民が将来にわたって良質な食料を合理的な価格で入手でき、そのために国内の農業生産の増大を図ることを基本とし、これと輸入及び備蓄を適切に組み合わせ、食料の安定的な供給を確保すること。凶作や輸入の途絶等の不測の事態に備え、日頃からそうした要因の影響等を分析、評価するとともに不測の事態が生じた場合の具体的な対応手順の整備を進めておくことが重要」とした。わが国では、食料安全保障を国民の個別具体的な立場から論じるというよりも、国全体としていかに食料を確保し、国民に対して安定的な食料の供給に資するかというマクロ政策的な視点に重点が置かれている。そういう意味では、食料自給率とくにカロリーベースによる食料自給率の動きが重要になってくるが、世界各国のなかでこれほどまでに食料自給率の数値にこだわる国はないであろう。不測の事態が生じた場合にどれだけ国民を養うこと

ができるかは、国を預かる政府にとりきわめて重要な責務であることはいうまでもないが、食料自給率の向上に過大な政策目標をおいてしまえば、食料安全保障の解釈の幅を狭めてしまう恐れが生じてくる。例えば、現状でも物理的あるいは経済的に食料に十分アクセスできない世帯や個人が存在していることは冷厳な事実である。こうした社会的弱者に対する配慮も食料安全保障の重要な範疇に入る。もっとも社会的弱者への配慮は各省庁横断的なイシューであり、農林水産省のみにその解決を迫るという性質のものではないかもしれない。

わが国にあって食料安全保障を論じていく場合、食料自給率の数値そのものよりも、その背後にある自給率向上に向けた国民の問題意識、食料消費の構造とその変化予測、農業生産に用いる資源の存在なり環境の制約、技術の発展方向、農業生産の主体、制度や組織の改変、フードサプライチェーンの部門連結による新たなビジネス機会の創出、などをいま一度点検し検討したうえで論点を整理することが必要である。その議論の中から、わが国の食料安全保障はどうあるべきかが、あらためて問い直されることになるであろう。

食料・農業・農村基本法の改正と食料安全保障

これまでの食料・農業・農村基本法（以下、基本法と略す）は、2024年に25年ぶりに改正され年内には施行される見通しである。この間に、食料、農業、農村を取り巻く環境や情勢が大きく変化し、またそこに新たな課題が発現して、基本法の基本理念と政策課題を解決していくための具体的な施策を見直す必要に迫られてきたからである。改正に向けて議論されてきた食料・農業・農村政策審議会の答申は、すでに2023年9月に公表されている[31]。

答申では改正する基本法の基本理念として、①国民一人一人の食料安全保障の確立、②環境等に配慮した持続可能な農業・食品産業への転換、③食料の安定供給を担う生産性の高い農業経営の育成・確保、④農村への移住・関係人口の増加、地域コミュニティの維持、農業インフラの機能確保、といった四本の柱が立てられた。食料安全保障に限っていえば、答申では一人一人

という表現を用いて食料安全保障が個人レベルで捉えられることになった。そこでは、食料安全保障が「国民一人一人が活動的かつ健康的な活動を行うために十分な食料を、将来にわたり入手可能な状態」と定義され、不測の事態に備えて平時から食料安全保障の達成を図ることが謳われている。食料の安定的な供給確保は、これまでのように国内の農業生産の増大を図ることを基本としながら輸入と備蓄を適切に組み合わせていくことになるが、これに加えて、すべての国民に対する食品アクセスの改善（買い物困難者などに対する地域の食品製造・流通・小売による供給体制の整備、経済的に十分な食料を入手できない者に対するフードバンク等の活動への支援）、海外市場も視野に入れた農業・食品産業への転換、適正な価格形成の実現に向けた食料システム全体での仕組みづくりの構築によって食料安全保障は実現するとしている。

　低所得や所得の急激な減少などの経済的理由により十分な食料を確保できない世帯や個人、遠隔地に居住とか高齢で食料購入へのアクセスが困難な世帯や個人に食料が供給されるよう支援していく方向への転換は、FAOの定義する食料安全保障の概念に大きく接近したことで画期的といえる。

　食料安全保障に関する基本法改正の答申で注目すべき点を挙げるとすれば、海外とのつながりを深化させることを強調していることである。従来から言及されている不足する食料の安定的な輸入確保はもとよりいうまでもないが、食料・農産物の輸出振興とフードバリューチェーンのグローバル化は最近の流れを踏まえて改正された基本法にしっかりと盛り込まれている。輸出振興は、輸出を目指す産地の形成で供給力を強化し海外での市場開拓により販路を拡大して輸出競争力を向上させ、また輸出産品の規格・基準を国際的なルールに整合させる戦略である。一方、フードバリューチェーンのグローバル化は、食品産業の製造と販売の拠点を海外にシフトさせて、原料の調達から、資材の調達と機材・施設の設置、製品の製造、輸送、国内外での販売、その他顧客サービスにいたるまで、進出先の現地企業と一体となって進めていく戦略である。

輸出振興は、人口の減少と急速な高齢化、長期的な経済の停滞と低迷により、食料・農産物に対する国内市場が縮小の傾向をたどっていることから、その販路を海外に求めようとする動きである。幸いにして食市場が拡大しているアジアなどではわが国で生産された農畜水産物やその加工品に対する需要が旺盛であり、有望な市場機会となっている。世界の人口増加の見通しや食をめぐる国際交流の深化は、海外消費者のニーズやその変化の方向を見極めつつも、国際市場のより一層の拡大を期待させる。一方、フードバリューチェーンのグローバル化は、わが国の優れた農業資機材や施設、食品製造の設備や技術、貯蔵や輸送手段、販売ノウハウなどを相手国に持ち込み、農業および食料に関連した現地企業と一体となって、農産物や食品の生産と製造を行うことで、それらを国内外の市場で販売するとともに、関係するインフラや施設、資機材の販売もビジネスチャンスとして活かそうとするものである。わが国の国内市場が縮小していくなかで、食品産業もまた海外進出が有力な市場確保の手段である。そのためには、輸出品目ごとに生産から販売に至る関係者が連携して輸出を促進する体制を構築する一方で、生産から販売にいたるフードシステムの海外拠点が現地およびその他の諸国の消費者・実需者のニーズに柔軟にかつきめ細かく対応していくことが必要である。輸出や食品産業に関わる主体が、海外の食品安全・環境の規格・基準に整合させる必要があることはいうまでもない。

　輸出振興やフードバリューチェーンのグローバル化が、どのように食料安全保障と結びつくかといえば、国内市場の縮小に合わせて国内の農業なり食品産業の規模が縮小していくとなればそれらの生産基盤が弱体化してしまうことになりかねないことから、市場を海外へ広げていくことにより、食料・農産物の受け入れ先を確保しておく必要があるというのが一つの大きな論拠である。国内の生産基盤が維持されるかぎり、たとえ海外市場向けの輸出や海外投資が後退する事態を迎えたとしても、その分を国内市場向けに転換して食料供給力を保持し続けることができる。

　他方、国内生産で不足する食料・農産物の輸入は食料安全保障の重要な構

成要素の一つであるが、海外に生産の拠点をおいた食品企業がわが国市場向けに輸出するのも食料の確保に大きく寄与する。わが国の主要な輸入品目は、トウモロコシ、小麦、大豆といった土地利用型作物をはじめ、牛肉などの肉類、生鮮・乾燥の果実や冷凍野菜、菜種、コーヒー生豆、それに水産物などであるが、最近ではその輸入額が増加する傾向にさえある（2022年現在の農林水産物輸入額は13.4兆円で対前年比31.8％の上昇、同輸出額は1.3兆円）。今後とも輸入先との間で安定的な輸入の枠組みを政策および民間のレベルで維持していかなければならないが、最近では中国の輸入が急増して国際価格が上昇し、国際市場における食料の安定的な確保が容易でなくなってきている。また前述したように世界的な肥料製造の原料不足で、肥料の輸入価格が高騰している。そうした点からいえば、輸入に依存している食料・農産物を中心に、世界的な需給の動向を見極めつつまた輸送上のリスクなども考慮して、国内需給の安定に資するための備蓄も必要不可欠である。

　なお、食料安全保障政策の一環とされている適正な価格形成の実現に向けた仕組みづくりとは、食料・農産物の需給状況と品質の評価が適切に市場価格の形成に反映されるような仕組みの実現を意味しており、またフードサプライチェーンの各段階でコストを把握して共有し、生産から消費に至るフードシステム全体で適正取引が推進される仕組みを構築することとされている。この仕組みによってフードサプライチェーンの各段階では、コストをカバーしマージンが上乗せされた価格が実現し、生産意欲が喚起されることが期待されている。

　食料安全保障には、食料・農産物の安全性、食品ロスの低減、食育など、消費の側面からみたさまざまな側面もあり、栄養バランスが確保され、安全で手ごろな価格で購入できる食料を、いつ、どこでも入手でき、また生鮮・加工を問わずいかなる形態の食料も利用できるという点にもよく配慮していかなければならない。

食料安全保障と農業生産のあり方

　輸出や投資による海外への事業展開、輸入の安定確保、適正水準の備蓄、そして適正な価格形成の実現は、食料安全保障には不可欠の要素であるが、基本的には国内における持続的な農業生産がそのためのキーワードであることはいうまでもない。改正された基本法においても、基本理念の一つには食料の安定供給を担う生産性の高い農業経営体の育成・確保が掲げられている。そのために、農地バンクの活用や基盤整備の推進によって離農する経営の農地を比較的規模の大きい経営体へ集積・集約化すること、一方で付加価値の向上を目指す経営体を育成することにより、これらの経営体が食料供給の大部分を担うことが想定されている。前者は規模の経済によってコストを低減していく方向、後者は収益性の高い作物の品質向上など差別化によって売上高を増大していく方向と言い換えることができる。そしてこれら農業経営体の維持向上のために、経営基盤を強化するとともにスマート農業などの新技術や新品種の導入を通じて生産性の向上を実現するとしている。

　こうした方向転換への背景には、農業者が急減しまたその高齢化が著しく進展していることがある。基幹的農業就業者数は2000年の240万人から2023年には116万人へ半減以下となり、平均年齢は2023年で68.7歳、年齢構成のピークは70歳以上層となっている。農業者が急減するなかで農地等の受け手となってきたのは比較的規模の大きい農業経営体であり、その中心は農業法人である。その一方で、面積は狭小でも集約的な施設園芸や家畜飼養などを展開している経営体は、施設や機械を有効活用しその効率性を高めつつ安全で品質の高い農畜産物を生産・販売しており、その形態は家族経営と法人経営が共存している。改正された基本法では、これらの経営体が農業生産の相当部分を担う効率的かつ安定的な経営と定義され、望ましい農業構造とされている。

　とはいうもののこれらの経営体に共通しているのは労働力の不足である。そのために農作業を省力化していかなければならないが、そこで重要になっ

てくるイノベーションがICT、AIやロボット、デジタル技術等を用いたスマート農業であり、この技術の活用によって省力化や単収の増加、品質の向上と安定化、コストの削減が可能になってくると期待されている。スマート農業はすでに実用段階に入っているが、問題がないわけではない。審議会の答申によれば、スマート農業の導入に関わる設備や機材およびその維持管理には高いコストを要すること、操作には一定の技能を習得する必要があること、設備・機材の稼働率が十分でなければ経営を悪化させる恐れがあること、などとされている。こうした問題を解決するために、スマート農業技術を活用した次世代型の農業支援サービスを提供する事業体が出現して農業者がこれら事業体に農作業をアウトソーシングすることも考えられている。

　答申では、これら経営体の経営基盤を強化するために、集積・集約化された農地の圃場整備など農業生産基盤の維持管理の効率化と高度化、土地改良区の運営基盤の強化、法人の経営管理能力の向上、雇用労働力の確保と労働環境の整備および作業能力の向上、知的財産の保護・活用の推進とGI等を活用したブランド化、適正な価格形成を通じた経営発展、収入保険などセーフティネットの普及による経営安定対策など、さまざまな施策を講じることを提案している。このほかにも気候変動による自然災害や家畜感染症の蔓延を防止するための対応強化、肥料価格急騰時の影響緩和対策、堆肥や下水汚泥資源の利用拡大なども農業の基本的施策として打ち出している。農地の保全や用水の確保、灌漑・排水設備、農道など農業インフラの維持・管理、鳥獣害の防止などは、経営体だけでなく集落単位のコミュニティ成員全体による相互協力が必要となる。

　食料安全保障の観点からは、ここに述べた望ましい経営体が農地を有効利用し、スマート農業といった技術、新品種の利用と普及、施設や資機材、能力開発などに対する支援を得ながら、農業生産を展開していくことになる。農地の集積・集約化で農地の規模を拡大する大規模な経営体は、土地利用型のコメ、麦類、大豆、加工・業務用野菜、飼料作物などの生産へ、一方付加価値を追求していく経営体は、野菜や果実など園芸作物をはじめさまざまな

農産物や畜産物を消費者ニーズに対応させながら生産する方向に進展させていくことが求められている。またわが国圃場の主要な部分が水田作に向けて基盤整備されている現状から、水田の畑地化とか汎用化がより一層必要とされている。

しかしながら、実際にはコメに対する需要量が依然として減少の趨勢にあり、需給調整の結果としてコメの作付面積や生産量も減少してきているが、水田の畑作化が追いつかないことから、水田が遊休化ないしは放棄される事態が常態化し、供給が不足する小麦や大豆、飼料作物などの生産が順調に増加していかないという状況におかれている。結果的にカロリーベースでみた食料自給率の低下に歯止めがかからない。そこには農地だけでなく深刻な労働力の不足があり、また生産や加工・流通に要するコストが上昇しているにもかかわらず販売価格が抑制されて収益が好転していかないという問題もある。他方、付加価値追求型の経営体にしても、効率的な農業生産のシステム化、農畜産物の品質向上、安全性の表示、ブランド化、高度加工、多様な販路開拓と販売方法など、消費者の目線にたった経営戦略を多角的に実行していかなければならない。ここでも労働力の不足に加えて上昇するコストを売上高が上回って経営を持続的に発展できるかどうかという問題を抱えている。

このように種々の問題に直面しながらも、望まれる経営体を中核として農畜産物の需要動向と消費者のニーズに適合させて農業生産を維持し、消費者には品質のよいものを手ごろな価格で安定的に供給することを、また生産者にはコストに見合う十分な収入が保障されることを進むべき方向として考えていくほかない。さもなければ、わが国の農業には確かな展望が描けず、食料安全保障の問題が一挙に先鋭化していく可能性をはらんでいる。

4-2 気候変動への技術対応とみどりの食料システム戦略

気候変動は、気温の上昇、激しい降雨、大型台風の襲来などを引き起こし、農業にも大きな影響を及ぼしている。地球温暖化を引き起こす温室効果ガス

第4章　わが国の食料安全保障

の排出は農業外だけでなく農業内にもその起源があり、その排出量の抑制に努めつつ、いかに気候変動に対応して農業生産を持続させていくか、いわゆるレジリエンスの強化はわが国においても重要な課題となっている。その一方で、生態系に配慮しながら可能なかぎり農業に固有のバイオマスや堆肥などの内部資源を循環的に活用して環境への負荷を低減し、生物多様性を保全する環境に配慮した農業、例えば有機農業の積極的な展開が求められている。有機農産物は、消費者の健康志向と環境への問題意識を高めると同時に、生産者にとってもその生産は自らの健康維持と高い付加価値をもって消費者に提供することができる。環境に配慮した農業は温室効果ガスの排出量を減らす効果がある。また教育の面でも、その取り組みが環境保全の大切さを教える場として相応しいものとなる。ここでは、わが国農業の気候変動への技術対応とそれに密接に関係してくる「みどりの食料システム戦略」について論じていくことにする。

気候変動への技術対応

わが国において、気候変動への技術対応と環境配慮型農業への取り組みについてまとまった形で示されたのは、2022年に公布・施行された農林水産省「みどりの食料システム戦略」である[32]。この戦略について説明する前に、気候変動が農林水産業に与える影響について簡単に記すこととする。

地球温暖化の影響で、作物にはさまざまな影響が生じていることが知られている。（国立研究開発法人）国立環境研究所が気候変動適用情報プラットフォームでリリースしている情報によれば[33]、気温の上昇によってコメや果実の品質が低下、果実などの出荷時期が変動、家畜の繁殖や生育が不良および肉、乳、卵の生産量が減少し品質が低下、また海水温の上昇によって漁獲可能量が減少、魚介類の分布域が変化するなどの点を指摘している。気温の上昇がさらに続いていけば、この状況がさらに悪化していく。また気温の上昇だけでなく、かつてない規模の豪雨、台風、潮位の上昇なども、農地の冠水、施設の倒壊、果樹の倒木、塩害などにより、作物の栽培や家畜の飼養

に甚大な影響を及ぼしている。

　地球温暖化の原因となる温室効果ガスは、大気中の二酸化炭素、メタン、一酸化二窒素、フロン類の濃度が高まることに由来するが、その排出量の増加には農業の活動も大きく関係している。農業分野から排出される温室効果ガスは、水田、家畜の消化管内発酵および家畜排せつ物管理などに由来するメタン、土壌や家畜排せつ物管理から排出される一酸化二窒素、それにエネルギーの燃焼や車両の走行などによる二酸化炭素などであり、農林水産分野から排出される温室効果ガスは排出量全体の4.0％程度といわれている。その一方で、温室効果ガスを森林や農地・牧草地が吸収している。

　地球温暖化とそれに伴う降雨量の増加と季節パターンの変化、海水面の上昇など気候変動に対して農林畜水産分野からなしうることは、温室効果ガスの排出量を削減するか、気候変動による被害を回避ないしは軽減するか、もしくは両方を同時に達成していくかの対策を講じていくことである。このために農林水産省では、革新的環境イノベーション戦略（2020年策定）に基づいてさまざまな技術を開発している。例えば、温室効果ガス排出量の削減のためには、農地・森林・海洋での二酸化炭素の吸収（海藻類増殖などによるブルーカーボンの創出、バイオ炭の農地への投入など）、農畜産業からのメタン・一酸化二窒素の排出量削減（メタン発生の少ないイネや家畜の育種、これらの排出量を削減する農地、家畜の管理技術など）、再生エネルギーとスマート技術の活用（地産地消型エネルギーシステムの構築など）などの技術が挙げられる。また気候変動による被害の回避・軽減のためには、高温に強い品種や生産技術の開発、育種ビッグデータ、AIや新たな育種技術を活用した効率的な品種開発（スマート育種システムの構築）、国産ゲノム編集技術やゲノム編集作物の開発などが挙げられる（農林水産省, 2020）。

　こうした諸技術を開発して農業の現場で実際に利用していくようにするためには、技術を実用化していくための圃場試験、温室効果ガス排出量の削減の効果測定に加え、技術を使えるようにするための研修などを通じた人材能力の開発、技術の利用と定着が収益の増加につながるようにするための経営

第4章　わが国の食料安全保障

技術の開発と導入、カーボン・クレジットの導入などをパッケージ化していく政策的な対応と支援が必要である。また、優良な事例を集約しそれをモデルケースとして普及していく仕組みづくりも欠かせない。

みどりの食料システム戦略

　みどりの食料システム戦略は、気候変動によって引き起こされる大規模な自然災害を所与の環境変化の条件として、農林水産業の起源による温室効果ガス排出量の削減努力とともに、これらに対して強靭でかつ環境に配慮した持続可能な農業を実現することにより、将来にわたり健康な食生活と健全な環境が保障される食料システムを構築しようとするものである。これは前述した気候変動に対応するための革新的環境イノベーション戦略と並行させながら、環境に配慮した農業の方向をより包括的かつ具体的に表した戦略であり、農業の生産性向上と環境の持続性を両立させるイノベーションを実現しようとするものである。そしてこの戦略をアジアモンスーン地域の持続的な食料システムのモデルとして打ち出し、2021年に開催された国連食料システムサミットで提言された行動宣言（世界の飢餓、気候変動や生物多様性などの課題解決策として、イノベーションへの投資、地域の条件に応じた取り組み、ルールに基づく貿易の重要性など）の実現に向けてわが国も参画していくというものである[34]。

　みどりの食料システム戦略では2050年までに目指す姿として、①農林水産業の二酸化炭素ゼロエミッション化の実現、②化学農薬の使用量（リスク換算）の50％削減、③輸入原料や化石燃料を原料とした化学肥料の使用量の30％削減、④有機農業の取り組み面積の割合を25％（100万ha）へ拡大、⑤食品製造業の労働生産性を最低3割向上、⑥食品企業における持続可能性に配慮した輸入原材料調達の実現、⑦エリートツリーなど林業用苗木の9割以上への拡大、⑧ウナギ、クロマグロ等の養殖における人工種苗比率100％の実現、などを目指している。目指す姿を実現するための具体的な取り組みとして、資材・エネルギーを調達する段階では、地域に存在する未利用資源の一

層の活用、資源のリユースサイクルなど環境負荷軽減に向けた体制構築を、生産の段階では、スマート技術、次世代総合的病害虫管理、バイオ炭の農地投入などのイノベーションによる持続的生産体制の構築を、加工・流通の段階では、持続可能な輸入食料・原材料への切り替え、データ・AIの活用による加工・流通の合理化、長期の保存・流通に対応した包装資材の開発、脱炭素化などを考慮に入れた加工・流通システムの確立を、そして消費の段階では、食品ロスの削減など環境にやさしい持続可能な消費の拡大と食育の推進、などが挙げられている。そして、戦略の目指す姿とその実現のための取り組みによって、輸入から国内生産への転換、輸出の拡大、新技術の活用などによる持続的な産業基盤の構築、産消連携による健康的な日本型食生活、地域資源を活かした地域経済循環、多様な人々が共生する地域社会の創出などによる「国民の豊かな食生活と地域の雇用・所得の増大」、環境と調和した食料・農林水産業、化石燃料からの切り替え、化学肥料・化学農薬の使用抑制によるコスト削減など「将来にわたり安心して暮らせる地球環境の継承」といった効果が発現すると期待されている。

　このようにみどりの食料システム戦略は、現在から将来にかけて気候変動に対応した強靭で環境に配慮した持続可能な農業の実現を目指すものであり、わが国食料システムの中長期的な将来指針を示すと同時に、気候変動、環境・資源の荒廃と劣化、生物多様性の喪失などの現状を軽減し緩和しつつ、環境と調和した農業を目指す世界の潮流とも合致する。またその戦略が目指す姿を実現するための具体的な取り組みは、資材調達から生産、加工・流通、消費に至るそれぞれの段階での有用な技術や知識、経験を含め、アジア諸国を中心に移転し共有されるべき性質のものである。実際に、バイオマス、食品廃棄物など未利用資源の堆肥化など有効活用の事例は、わが国民間企業等が有する環境負荷低減技術の一部として海外へ移転され、今後持続可能な農業や食品産業の構築に寄与していくものと期待されている。

第4章　わが国の食料安全保障

4-3　政策の実現可能性

　食料安全保障に向けた政策指針、食料安全保障と農業生産のあり方、気候変動への技術対応、みどりの食料システム戦略について概略を述べてきたが、農業および食品産業を取り巻く現実の状況やその将来見通しを踏まえた場合、はたして政策実現の可能性はどのようなものかを、ここで検証しておかなければならない。特に、現場からみた場合の政策や戦略の実現に向けた前提条件、制約要因、外部条件の変化とそれに伴い予想される問題である。示されている政策や戦略は、当然のことながら現実と将来見通しを踏まえて立案し形成され、またその目標の実現に向けて展開されていることはいうまでもないが、それにもかかわらず、なおも考慮しなければならない点を、筆者からの気づきとして指摘しておきたい。

食料安全保障に関して

　第1に、国民一人一人に食料が行きわたる仕組みを具体的にはどのように作り上げていくかということである。食料アクセスへの改善は、すべての世帯と個人が必要で十分な量と質を、いつでも、どこでも入手できる状況を構築していく必要があり、そのためには所得の持続的な向上と手ごろな食料・農産物の価格設定が前提となる。所得の向上は特に低所得の世帯や個人に実感できるほどの手応えがなければならない。食料・農産物の価格は低位で安定していることが望ましいとはいえ、適正な価格形成が求められているだけに基本的には所得の向上が必要な条件である。今後人口の少子・高齢化が一層深刻になり、マクロ経済の好転が見通せないなかでは、経済的に苦しい世帯や個人ならびに市場から遠隔で移動が困難な高齢者は食料入手の状況がさらに厳しくなることが予想される。そのためにこういう世帯や個人を対象としたフードバンクによる適正で効率的な食品の配給、子ども食堂の増設、移動車による食品の販売や宅配サービス、学校給食の無償化が不可欠であり、

一方で健康で栄養バランスのとれた食事を摂るために子どもの時からの食育は必須である。

　第2に、食料・農産物の輸出がどの程度国内の農業・食品産業の発展にリンクして、食料安全保障のベースを底上げすることにつながるのかということである。わが国の食料・農産物の品質は世界で高い評価を受けるとともに、インバウンド観光客の増加による日本食への認知などもあり、その輸出はめざましい。定着してきた円安傾向も輸出には好条件である。しかしながら、輸出農産物の品目や輸出する産地なり、その生産・出荷主体（農協など）の力量には大きな偏りがある。品目ではホタテ貝、ぶりなどの水産物およびその調製品、牛肉およびその調製品、りんごに代表される果実、緑茶などであり、そのほかに飲料（アルコール飲料、清涼飲料水など）が輸出品の上位を占めている。品目の裾野は今後広がる可能性もあるだろうが、それが国内の食料安全保障の基盤強化にどのようにつながるのか、その道筋がなかなか見えてこない。食品産業もまた国内の原材料が安定的に供給されなければ、食品の製造と販売の拠点を一部海外に求めざるをえない。一方輸出は、相手国の意向や制度、政策に大きく左右される。

　第3に、国内で不足する農産物あるいは自然条件などの点で生産できない農産物を、今後とも安定的に輸入できるだろうかということである。これまでに述べてきたように輸出国・地域の農業は、気候変動、環境・資源の劣化、自然災害や病虫害の発生、さらには肥料・エネルギー価格の高騰などで、その生産が今後とも持続的かつ安定的に増加していくとはかぎらない。また中国などが今後とも国際市場で爆買いを続ける結果として買い負けし、円安もあって輸入価格が高騰する恐れがある。遺伝子組み換え作物など輸入農産物の安全性という問題も払拭しきれない。健全な農産物を持続的に輸入していくためには、主要な輸出国との間で食料・農産物が安定的かつ安全に確保され取引されるよう量と質、価格などの点で確実な契約を取り交わす一方で、リスクを分散するために取引相手先を多角化することが必要である。また海外に進出している本邦の農業・食品関連の企業がわが国への有力な食料・農

産物の供給源となるように位置づけていかなければならない。国内備蓄は、輸入農産物も含めた食料需給の過不足を調整していくうえで欠かせない。

　第4に、適正な価格形成の実現に向けた仕組みづくりは、コスト積み上げ方式で果たされるのかということである。農産物の作目ごとにまたサプライチェーンを構成するそれぞれの段階ごとにコストを正確に算出することは決して容易でない。サプライチェーン全体を通じてコストを積み上げそれを価格に反映させていけば、消費者の段階で食料・農産物の購入価格が高くなり、消費者の生活を圧迫して食料の安定確保をむずかしいものにする。かといって、購入価格を低く抑えてしまえば、農業者をはじめサプライチェーンに連なるアクターの利益が損なわれて経営の持続性に問題が生じ、国内生産という食料安全保障が担保されない恐れが生じる。価格の形成を市場の需給メカニズムに任せるという方法はあるが、形成される価格に、食料・農産物の安全性、規格、環境配慮、簡便性などといった質的側面への事業者の努力が反映されるのかという問題が残り、また需給の実勢に任せるだけでは価格の不安定から免れない。適正な価格形成に向けた仕組みづくりのために政府がどのように介入していくべきか、慎重に考えていかなければならない。

農業生産のあり方に関して

　農業生産に関わる課題についてはすでに種々述べてきたが、ここではこれらの課題をさらに敷衍させ、また考慮すべきそのほかの課題についても触れることにする。

　第1に、望ましい農業経営体が食料の安定供給を担うとして、はたして持続的で安定した収益を確保できるかどうかということである。農地規模の拡大を志向する経営体にとって、導入した機械や施設の稼働率を上げるために一定の規模は不可欠の条件であるが、仮に面積あたり収量が不変のもとで農産物の販売価格が低下して売上高が減少し、その一方で資材や燃料などの価格が上昇して変動費が嵩めば、限界利益（＝売上高－変動費）は小さくなり、限界利益率（＝限界利益／売上高）もまた小さくなる。そうなれば、損益分

岐点（＝固定費／限界利益率）の比率が高くなり、売上高を増加させないかぎり経営は慢性的な赤字体質となる[35]。したがって規模をさらに拡大し収量を高めて生産量を増加させるほかないが、規模の拡大は労働力の不足、変動費のさらなる増加、その他管理経費の増加など、また別の問題を引き起こすことになる。一方、付加価値の向上を目指す経営体では、売上高をいかに増加させるかが大きな決め手となる。そのためには、販売単価を高く設定できるほどの魅力的で差別化できる商品ときめ細かなサービスおよび情報の提供、ブランド化が必要であり、また販売の仕方も産直、直売を含めて多様でなければならない。栽培や飼養に高度な施設を用いれば相応のコストを要する。ここでも売り上げを伸ばそうとするほど労働費を含めコストの増加は避けられない。

　第2に、労働力の不足にどのように対応し、また法人経営体の経営者能力をどのように向上させるかということである。基幹的農業就業者（個人経営体）の数が急減し高齢化が進んでいることはすでに述べた。基幹的農業就業者116万人（2023年）のうち64歳以下の就業者は20.5万人（17.7％）に過ぎず、新規就農者は2022年で4.6万人いるが、そのうち49歳以下は1.7万人ほどである。70歳代の高齢者がリタイアすれば農業就業者の少数化は一挙に進む。労働力の不足を解消するためにアルバイトなど臨時の従業者を採用するか、海外から技能実習生（今後は特定技能「農業」外国人）を受け入れる方法はあるが、多くは期待できない。法人経営体では従事者を確保するために、給与、休日制度など労働環境の改善が必要である。労働力不足に対応するための省力化技術の導入は避けられず、一部ではハイテクを使ったスマート農業が実用化されているが、この技術を広く全面展開していくことはむずかしいであろう。投資に関わるコストの高さもあるが、高度で複雑な技術を短期間で習得するのは容易でなく、また使いこなせるまでには一定の経験年数を要する。経営が悪化すれば、機械、施設に要する減価償却費の積み立てもむずかしい。一方で、法人経営体はその経営者に高い管理能力が必要となる。この管理能力は法人の立てた目標を達成するために経営資源（労務、人事、生産、財

務・会計など）を調整し改善する能力、問題を可視化して解決するための改善策を産み出す能力などである。また事業運営には事業の計画・立案－モニタリング－評価というPDCAサイクルの手法から全体を管理していく能力が求められる。こうした能力が経営者に十分具わっていかなければ経営の前向きな展開は期待できない。この能力も経験の積み重ねだけでは醸成されにくく、絶え間ない研修と緻密な現場観察により能力が開発されていくものである。

　第3に、開発された技術をどのように農業者に普及しまた定着させていけば効果が上がりまた効率的であるかということである。技術普及のルートとしては、普及指導員、農協の営農指導員、民間企業の技術担当者によるアプローチがある。普及する内容や方法にそれぞれ特徴やメリットがあるが、それが農業者に焦点を当ててそれぞれの役割分担なり統合した相互関係性が構築され果たされているかという点ではいくらか疑問が残る。そういう意味では、技術普及に重複や反復が生じることはやむをえない。何らかの改善策が必要である。例えば、新しい技術の紹介と栽培・飼養への技術効果および経営への経済効果の説明は普及指導員が、技術の実際的な適用と指導は農協の営農指導員が、また技術の能力発現に必要な資機材や施設の導入と販売は民間企業の担当者がというように、それぞれ役割分担していくことにすれば普及効率がアップしていくであろう。むしろ農業者が積極的に技術や資機材の情報を得て、自ら普及エージェントに駆け寄って技術の内容と利用方法を知り、自分の営農に取り入れることを試みるケースも実際には多い。新しい技術がスマート農業のように初期投資が大きくその習得と活用に一定の時間を要するものであれば、技術とそれに付帯する資機材を農業者が共同で購入して利用し、技術習得のための講習や実地研修にグループを形成して実施する方法もある。その場合でも、普及指導員、営農指導員、民間企業担当者がそれぞれの立場でサポートしていく必要がある。また技術が確実に定着していくためには、講習や実地研修だけでなく定期的なフォローアップ指導が伴わなければならない。農業者と普及担当者による技術導入の共同モニタリング

や共同評価も必要であろう。また導入する技術は、その重要な目的の一つに労働節約と省力化があるが、技術に見合う適正な農地規模を考慮に入れなければ、コストの上昇で経営を圧迫する事態にもなりかねない。

　第4に、農業の担い手に農地がはたしてどれほど集積・集約化しているのかということである。農林水産省の資料によれば、「人・農地プラン」の取り組みを通じ農地バンクを介在させた担い手への農地の集積・集約化は、2023年度までに全農地の8割を担い手に集積するという目標に対して2021年度では58.9％の実績であった（農林水産省，2022）。農地バンクは2014年に創設され、その時点での担い手への農地集積率は50.3％であったことから、この間に著しく上昇したという趨勢にはない。地域農業の中心的な経営体に農地を集積・集約化する「人・農地プラン」の取り組みは、地域の話し合いに基づくものとされているが、なかには支援措置を活用するために必要な範囲でプランを作成しているという事例もあったようで、その実質化が求められることになった（農林水産省，2022）。農地の集積とは文字通り地域の中心的な経営体に農地を集積させることであるが、その集約化とは物理的にまとまった利用しやすい農地に変えていくということである。したがって利害関係、権利関係が錯綜とする農地の売買、貸借およびその利用には、地域住民の間での綿密な話し合いが前提とならざるをえない。農業法人による経営体の場合にはなお一層のこと、地域に根差して地域農業の発展に寄与しうるものなのかどうか、経営体にはきわめて慎重な態度と適切な判断が求められる。自己の経営判断だけでは、農地の規模、管理、利用の仕方は決められないだろう。損益分岐点の視点から農地の規模を縮小さらには経営から撤退となれば、農地は耕作放棄地あるいは遊休農地となって地域の農業が大きく後退し資源と環境が荒廃していくことにもなりかねない。また農地が集積・集約化していけば、経営体は当然のこととして圃場や用排水などの生産基盤を再整備し、また集落単位での土地改良事業の運営、施設の維持管理に相応の責任を果たしていかなければならない。

　第5に、望ましい経営体とは別に、多数で多様な農業の担い手を食料の安

定確保のうえでどのように位置づけるかということである。担い手は、規模、作目、農法、販売方法、6次産業化の程度などによってさまざまであるが、そのなかには低投入型農業・有機農業により健全で環境にやさしい作物を生産している農業者、農産物の生産だけでなくそれを加工し販売する農業者、観光農園を経営する農業者、農福連携を目指す農業者、あるいは定年帰農者、自給的農業者など、実に多様な形態が含まれる。経営的には家族農業、個人経営が中心であるが、なかには法人経営も存在する。これらの担い手に共通しているのは、規模が小さいこと、多様な作物を栽培し少数の家畜を飼養していること、種々の地域資源を活用していること、消費者との接点が近く販売方法も直売、産直、宅配、ネット販売など多様なこと、などである。食料・農産物の供給者としては不可欠な存在であり、食料安全保障の重要な一翼を担っている。また地域に密着して資源と環境を保全しコミュニティを支えている。しかしながら、望ましい経営体と比べた場合農業生産の担い手としての位置づけがやや曖昧であるように感じられる。今後は、担い手の高齢化、後継者や新規就農者の不足、農地や施設の維持管理の困難、資機材やエネルギーの高騰などコストの増加による採算性の悪化などにより、その数は減少していくものと予想される。とはいえ、食料安全保障上の重要性、地域コミュニティの維持などの観点から、その存在のあり方を問い直し、これら多様な担い手が食料・農業・農村に求められる機能と役割を整理して、その存続に必要な支援策を講じていくべきである。

気候変動への技術対応とみどりの食料システム戦略に関して

　第1に、気候変動への対応は技術開発だけでなく、開発される技術を使う側が習得し利活用できるかということである。開発される技術は、温室効果ガスの排出量を削減するにしても、また気候変動による被害を回避・軽減する技術にしても、技術の種類によっても異なるが、それが実証試験を経て農業者が利用し効果が発現されるまでには一定の時間を要し、またそれ相応のコストがかかる。場合によっては気候変動対応型の技術が減収につながる恐

れもある。その対策としては、前述したように技術を使えるようにするための指導と研修を農業者に施す一方で、技術定着のためには補助金を供与するなど具体的な支援策が必要になる。また農業者に技術を積極的に取り入れるインセンティブを与えるために、農業者の努力による温室効果ガスの排出量削減・吸収量を国がクレジットとして認証し民間資金を呼び込んでカーボンの取引を可能とする仕組みを構築する必要がある。そのためにすでにJ-クレジット制度が構築されてはいるが、活発化している現状とはいえないようである（農林水産省，2024a）。また通常ではありえない気候変動が未曾有の洪水や干ばつを引き起こしまた病虫害とか家畜感染症が大規模に発生する場合には、既存あるいは開発される技術によって被害を防止するには限界がある。そのためには自然災害に備えて気象情報の予知システムとか貯水・排水施設などインフラをさらに整備し、農業者には作物保険への加入をより一層勧奨させていかなければならない。

　第2に、みどりの食料システム戦略は、農業の生産性向上と環境の持続性を両立させるイノベーションの実現を目標に掲げているが、その戦略の内実が使用する技術の具現化に偏重していて何をもってホリスティックな食料システムというのか、把握しづらいということである。あえてその枠組みについて自己解釈すれば、気候変動に対応しつつ環境に配慮しながら地域資源を最大限に利活用しまた新しく開発された技術を効率的に使って農業の生産性を向上させる。その結果として国産の農産物が増加、それを原材料とした食品加工とその流通が活発に展開し、食品ロスが削減して、フードシステムの全体が健全で環境に配慮した方向へと進み、食料安全保障が高まっていくと想定される。これは望ましい姿といえるが、それを実現するための具体的な道筋がなかなか見えてこない。例えば、化学肥料・化学農薬を大幅に削減しそれに代替して未利用・低利用資源を堆肥化ならびにバイオ炭を投入、さらには総合的病害虫管理を実施し、有機農業を拡大していくとしているが、はたしてその実現可能性は高いのであろうか。資源の循環的利用によって環境にやさしく安全な農産物を生産する有機農業は確かに望ましい農法ではある

が、土づくりから周到な栽培管理、収穫とその保蔵に至るまでの間に集約的な作業を行い、労働力を多投しなければならない。その作業の一部はスマート技術を活用できるとしても作業全体とまではいかないだろう。もとより有機農業は、現状でも作物の収量が高く安定的で収益性が高いわけではない。農林水産省の調査によると、2020年の段階で有機農業の取り組み面積は総耕地面積のわずか0.6％（2万5,200ha）にしか過ぎず、そのうち有機JAS認証を取得している面積は1万4,100haでしかない[36]。農林水産省はその有機農業の取り組み面積を2030年までに6万3,000haに引き上げる目標を立てているが、目標実現までの具体的な工程表がみえてこない。農林水産省は目標実現のためのプロセスを明らかにし、そのために必要な支援策を講じていくべきである。

4-4　グローバル下の食料安全保障

　以上、わが国の食料安全保障について主として政策の側面から取り上げてきたが、グローバルの動きのなかでみた場合、食料安全保障のあり方をどのように考えていったらよいのであろうか。最後にこの点について論究しつつ、またわが国として世界の食料安全保障に果たすべき役割と責任について述べていくことにする。

グローバル下のわが国食料安全保障

　これまで述べてきたように、世界の食料は、今後、需要が堅調に増加の趨勢をたどり、中長期的には生産も持続的に増加して、需給は均衡を維持しながら推移していくものと予想されている。ただし、短期的には農業生産の年次変動により食料の供給はそれに合わせて変動を繰り返し、極端な気候変動や病害虫の大規模発生などが生じた場合には、一時的に需給が逼迫して食料が不足する事態に直面することは十分に考えられる。食料・農産物の品目によっては品薄となって入手ができないか、もしくは市場価格が暴騰するであ

ろう。2050年くらいまでを目途とする中長期では食料の需給がある程度維持されるとしても、市場価格は化学肥料などの農業資材やエネルギーの価格上昇で農業生産がコストアップとなり、上昇のトレンドを辿っていくものと考えられる。

　長期的な食料需給の見通しはいうまでもなく重要であるが、現在から2030年の期間を考えるだけでも、世界、とりわけわが国の食料需給には大きな問題が立ちはだかっている。FAOが掲げる食料安全保障を決定づける4つの柱に照らせば、グローバル下でのわが国食料安全保障の問題の所在を大まかながら整理することができる。

　食料の入手可能性では、人々の食料に対するニーズを過不足なく充足できるほどまでに、食料・農産物が国内生産、輸入、備蓄によって潤沢に存在し、またその流通や分配が適切になされているかという点である。国内生産は、望ましい経営体と多様な担い手によって行われていくが、経営資源の持続性、すなわち労働力の不足と高齢化、農地の集積・集約化、人的な能力開発などにおいて不安材料があり、また施設や設備など投下資本の収益率がどこまで見込めるのか不透明である。コメを除く麦類、大豆、トウモロコシ等飼料穀物などといった土地利用型作物が収量を上げられるかは開発される技術の導入次第であるが、コメも含めて市場価格が採算にのれる水準に達しなければ、生産コストが上昇していくと見込まれることから採算割れとなって生産量が落ち込むことも考えられる。野菜・果実、畜産物など付加価値がつけやすく差別化しやすい農産物は国内市場の基盤が強固で、その一部はそれらの加工品も含めて輸出競争力が高い。最近の円安傾向が定着すれば、輸出にとって追い風となり輸出が促進されるが、輸入品は逆に高くなる。わが国の輸入食料・農産物には、小麦、大豆、トウモロコシなどの穀類のほかに、果実（生鮮・乾燥）、野菜（冷凍）、肉類、菜種、コーヒー生豆、林産物、水産物などが挙げられる。輸入品は家計仕向け用もあるが、加工、外食など業務用が多い。円安の定着は、加工食品、外食の価格引き上げにもつながっていく。輸入品の安定確保は今後とも食料の供給には不可欠な要素であるが、その取引

にはこれまで述べてきたように先行き不透明なリスク要因が多い。需給と価格の安定のためにはある程度備蓄しておかなければならない。こうしてみれば、食料の供給にやや不安が残るが、多様な形態の農業担い手の存在もあり、価格に変動はあるものの、現在の趨勢を観察するかぎり少なくとも近い将来に品目に差があったとしても食料が全体として不足するという事態は起こらないであろう。

　食料のアクセスでは、これまでも述べてきたように、低所得者とその家族、市場から離れた遠隔なところに居住する高齢者などが、十分で栄養のバランスがとれた安全で健康的な食事を日々享受できるかが問題である。最近では、食料・農産物の価格が高騰し、それに所得の伸びが追いつかない状況が続いている。これにもっとも敏感に反応し食生活に強い影響を受けているのは低所得者とその家族であろう。食料・農産物全体の価格が高騰すれば、購入する品目の組み合わせは相対的に安価で栄養価の劣るものとなり、健康の面でも問題が生じる。就学の子どもは学校給食や子ども食堂で栄養を補っていかなければならない。また独居高齢者や高齢者夫婦世帯でも、年金受給年齢の引き上げや年金の実質引き下げなどで可処分所得が不十分であり、健康的な食生活を送ることができない。高齢者およびその家族が市場から遠く離れていれば、そもそも物理的に食料・農産物にアクセスできない。インターネットを駆使した宅配や通販にしても、物流のための輸送費が物財費に加算して食料・農産物の価格がますます高くなる。地方にいて遠隔でも農産物を生産できるほどの農地があれば、自給用に作物を栽培することはありうる。アクセス改善のためには、所得の増加と食料・農産物の価格引き下げ、輸送費の抑制を図ることが必要であるが、いずれにしても現在の状況では期待しがたい。食料再分配政策により、こうしたアクセスが脆弱な人々や世帯を対象とした政府補助による食料・農産物の安価な水準での再配分という方法もあるが、財源が不足している状況においては決して容易なことでない。

　食料の利用では、食料・農産物を適切に選択して購入し、世帯内で適正に分配できているかどうかという点である。この点に関しては、わが国で取り

立てていうほどの問題はないであろう。栄養についての知識や情報は豊富にあってそれに容易にアクセスでき、それぞれの世帯の衛生状態も良好である。問題はここでも選択し購入できるだけの食料・農産物を入手できるかということに関わってくる。栄養の知識は持っていても、購入し利用できる食料・農産物の選択の幅が狭ければ、自ずと栄養状態に偏りが生じてしまう。そうであったしても、年齢や性差などの違いにより世帯内で食料・農産物の配分が偏るという事態は想定しにくい。

　最後に、食料の安定性では、人々がいつでも持続的に安定して食料にアクセスし利用できるかという点である。これには、気候変動、価格変動、政治的および経済的な要素が大きく関係してくる。これらはわが国でも食料の入手可能性と合わせてその安定性に大きな影響を及ぼしている。政治的および経済的な要素はともかくも、気候変動は食料・農産物の価格変動に直結している。わが国では特に食料の自給率が低いことから、世界の気候変動が不作をもたらし食料需給が不均衡となって価格が上昇すれば、輸入を通して深刻な影響を引き起こす。しかも近年は想定以上の気候変動が常態化し、世界各地で紛争が激化して状況がより深刻になってきている。環境の荒廃や資源の劣化と枯渇が輸出国の農業生産を不安定化させている側面も決して軽視できない。食料・農産物の輸入にとどまらず、化学肥料製造のための原料やエネルギーの輸入価格が高騰し、農業資機材の調達にも問題が現れている。さらには海外から農業労働力を安定的に確保することも容易でない。こうした状況の持続化がわが国食料安全保障に大きな政策転換を迫る背景となっており、今次の食料・農業・農村基本法の改正へとつながった。いつでも、どこでも、誰にでも、必要な食料・農産物を手ごろな価格で安定的に供給するのが、食料安全保障の根底にあることはいうまでもない。

　以上みてきたように、わが国の食料安全保障は、国内生産の増加を基本としつつも一定の食料・農産物は輸入に依拠せざるをえない。気候変動など何らかの外部環境の変化によって国内生産が減少、さらに労働力不足なり農業投資に対する収益率の大幅低下など国内生産を維持するうえでの制約が厳し

くなれば、不足する食料をますます輸入に依存することになる。輸出国でも気候変動などにより農業生産が不振に陥る恐れがあり、それに備えて相応の食料備蓄が不可避的に必要となる。輸出のより一層の促進によって食料・農産物の市場を確保しておく必要があり、また食料と農業の関連産業も国内市場の停滞ないしは縮小傾向に直面してその投資先を海外へと向けざるをえない。いずれにしても、わが国の食料安全保障は海外との取引関係がさらに深化していくことを前提に組み立てていくほかなく、そういう意味では世界の食料安全保障に果たすべきわが国の役割と責任はきわめて大きいといえよう。

世界の食料安全保障に果たすべき役割と責任

それでは、わが国は世界の食料安全保障のために、どのような役割を果たすべきであり、それにいかなる責任をもつべきなのであろうか。ここでは、国際貿易と海外投資のルールづくり、食料の備蓄体制づくり、気候変動対応策への提案、国際農業協力の推進という4つの点について述べることにする。

WTOが目指す自由で公正な貿易ルールづくりへ向けた協議が進展していないことから、国際貿易と海外投資は二国間ないしはFTAおよびEPAのルールに即して進めていくほかない。農産物貿易において自由で公正な貿易ルールづくりがむずかしいのは、関税や非関税障壁の撤廃やその引き下げにおいて、どの国や地域においても重要な関心品目がいくつか存在し、また食品の安全性とか外来の病害虫の侵入を防止するために厳しい規制を設けているためである。良質で安価な輸入食料・農産物の流入が国内農業に圧力をかけるという側面もある。むずかしい問題はあるが、世界有数の食料・農産物の純輸入国であるわが国においてはなおさらのこと、どの国も一定の食料安全保障の水準を維持するための輸入量を安定的に確保できるルールづくりはきわめて重要である。少なくとも、現行のFTAやEPAの枠組みのなかで、加盟している各国がおかれている食料と農業の実情を率直に話し合い、一定の理解を得て、輸入割当上限の緩和とか緊急セーフガードの発令などさまざまな手段を講じながら、貿易の自由と公正に向けた前向きな協議と交渉は今後

とも継続していくべきである。輸入だけでなく輸出においてもまったく同様のことがいえる。輸出の拡大は自国の農業や食品産業の発展にとって重要なモメンタムになることはいうまでもなく、輸出入の拡大は消費者という立場からも、食品選択の幅を広げ安価に供給されることで消費者の厚生水準を高める。わが国が種々の困難を抱えながらも、貿易のルールづくりに積極的な貢献を果たしていくことに今後とも重要な責任を共有し続けていかなければならない。一方、海外投資が活発化していくかどうかは、投資国と被投資国の間で締結される投資協定に大きく左右される。投資協定とは、「海外において企業が円滑な海外事業ができるよう、現地法人の設立・運営などの海外事業の自由化や投資財産の保護について国家間で合意した国際協定」[37]であり、進出先で投資活動を行う際に先方政府の措置に対応するツールとされている。投資協定には、進出する企業の先方政府による事業許認可とその条件、外資規制の透明性を高めるための規定、企業利益の本国送金の保障などといった条項が含まれる。農業および食品産業に関わる本邦企業が海外に進出する場合、進出先で投資協定が遵守され企業の受け入れが円滑に進むよう二国間協議で、その点をしっかり詰めておかなければならない。国によってさまざまな制約は存在するであろうが、FTA/EPAの枠内で投資協定の透明性を高めるための制度づくりに、わが国政府が先導していく役割は大きいであろう。

　食料の備蓄体制づくりは、世界の食料需給を安定させるうえで不可欠である。食料の期末在庫量は計算上はじき出せるが、備蓄が物的な形で世界共通の在庫として存在しているわけではない。各国あるいは世界のそれぞれの地域で、物的な在庫としてあるいは仕組みとしての備蓄体制が存在し、国内もしくは地域のレベルにおいて在庫の放出と積み増しにより食料の需給を調整、またグローバルレベルで自然災害などにより食料が大幅に不足しているところへ備蓄している食料を各国が緊急に援助へと振り向けたりする。そういう意味では、備蓄は食料安全保障上きわめて重要な役割を果たしている。わが国が主導して東アジア地域の食料安全保障の強化を目的とし、大規模災害な

第 4 章　わが国の食料安全保障

どの緊急時に人道的立場から対処する制度として設立された「アセアン＋3 緊急米備蓄」(APTERR協定)は、その代表的な事例である[38]。APTERR協定に基づく事業に参加している国は、アセアン10ヵ国、日本、中国および韓国の13ヵ国である。この備蓄事業は、各国が保有する在庫のうち緊急時に放出可能な数量を申告(イヤーマーク)し、在庫を放出するという仕組みである。災害などに起因して食料が不足する被災地にコメを救援物資として放出するが、初期対応として果たすその役割が共通認識されれば、近いうち災害が発生する可能性が高いと予想される国に、現物のコメを備蓄ないしは現地で米を購入するために必要な資金をプールすることができる。この事業が実際に発動する機会は多いわけではないが、東アジア地域において主食であるコメを各国の協力のもとで備蓄する体制を築いたことは有意義な取り組みといえる。わが国でも生産ポテンシャルの高いコメを備蓄の一部として取り崩し、国際的に有効活用できる。またコメを含めて食料の需給状況とその見通しを把握し、備蓄の必要量を予見するためには正確な情報が必要である。そこでASEAN食料安全保障情報システム(AFSIS)がAPTERR協定と対をなして起ち上がり、情報の収集と解析および共有を通じてASEAN地域の食料安全保障に資する役割を果たしている。このシステムもまたわが国が主導して設立されたものである。APTERR協定、AFSISはともに東アジア地域の食料安全保障の強化において重要な役割を果たし今後ともその重要性は増していくことになろうが、備蓄を維持管理するのに膨大なコストを要することはいうまでもない。コストパフォーマンスを改善するために、必要な備蓄の量と質、期間などを目的に応じてきめ細かく管理していくことが必要であろう。またいまや実効性が薄くなった一次産品ごとの国際商品協定の機能を復活させ、輸出国と輸入国の双方で需給の調整、取引価格の安定とともに、備蓄在庫を操作し管理する仕組みを強化してもよいのではないかと考えられる。そこにもわが国が介在して何らかの役割を果たせるのではないだろうか。

　気候変動への対応はグローバルな主要課題の一つであるが、これに農業分

野の面からわが国はどのような役割を果たしていくべきであろうか。アラブ首長国連邦で開催された国連気候変動枠組条約第28回締約国会議（COP28）では、「持続可能な農業、強靭な食料システム及び気候行動に関するエミレーツ宣言」が発表された。その宣言では、食料・農業分野の持続可能な発展と気候変動対応に向けた迅速な変革に向けて2025年までに以下の行動分野を強化することが盛り込まれた（農林水産省，2024b）。①COP30（2025年）までに各国の国家適応計画等へ食料システム・農業を統合、②食品ロス・生態系の損失・温室効果ガス排出の削減、所得・生産性の向上等に向けた公的支援の再検討、③民間を含むあらゆる形態の資源動員の拡大、④持続可能な生産性の向上を目指した科学・証拠に基づくイノベーションの推進、⑤WTOルールに基づく公平で透明性の高い多国間貿易システムの推進。このなかで、わが国としては、特に②と④において大きな役割を果たすことができるものと考えられる。すでに、農業起源の温室効果ガス排出量を削減ならびに気候変動による被害を回避／軽減するための技術と課題、課題解決にあたっての技術対応については述べた。かかる技術の開発と普及をわが国だけに留めるのではなく、広く海外へ移転していく必要がある。気候変動対応型技術を海外の諸国と共同で開発、開発した技術の実証試験を相手国の圃場で実施することも検討に値する。例えば、アジア諸国で水稲の高温耐性の品種を開発し、肥培管理と水管理など基本技術の指導と合わせて農家へ普及していくとか、豪雨による水田の湛水や少雨による渇水を防止するためにAIやIOTを活用した農業用水のデジタル水資源管理などは、水稲の収量の向上と安定に大きく寄与するであろう。また温室効果ガス排出量を削減するために、畑地の土壌に有機物や堆肥をより多く投入して二酸化炭素を土壌中に隔離・貯留し、微生物の働きによって有機物を分解、土壌を肥沃かつ健全なものにする環境再生型農業の技術を現地に適合させていく研究開発も重要である。気候変動への対応は、農業だけでなく食品産業においてもしかりである。食品加工から貯蔵、輸送、販売にいたるまでの過程で使われるエネルギーの再生可能エネルギーへの転換、スマート技術による使用電力量の節減、輸送や

第4章　わが国の食料安全保障

販売の段階で用いる梱包や容器などの資材を生態系に配慮したものへ切り替えるなど、わが国の経験から海外へ伝えることのできるものはいくらでも存在する。さらに廃棄される食品は焼却されるときに二酸化酸素が、また土中に焼却灰を直接埋め立て処分すればメタンが発生する。食品ロスを削減すること自体で温室効果ガスの排出量は削減することができるし、食品の製造と輸送および販売に要する資源を節約することも可能となる。わが国でも食品ロスを削減するために事業体や一般世帯でさまざまに工夫されているが、こうした工夫を諸外国と互いに出し合って共有していくことが大切である。温室効果ガス排出量の削減には技術的な側面だけでなく、人々の行動変容が必要である。温室効果ガスが地球温暖化の原因になるという意識づけはなされていても実際にその削減のため行動に移すとなれば、意識と行動の間には落差が生じてしまう。行動変容には環境教育とか再生可能エネルギー使用への補助、電力料金の引き上げ、買い物レジ袋の有料化などの経済的誘導策といった何らかの具体的な仕掛けがなければならない。一方で、気候変動による被害を軽減しまたそれに適応するために、生産・加工の段階での温室効果ガス排出量の削減に資する技術や施設の使用にも何らかの経済的メリットを与える誘導策が必要である。こうした行動変容に向けた仕掛けや政策において、わが国と諸外国が経験を共有し、知識や情報を互いに出し合うプラットフォームの形成が望まれる。

　最後に国際農業協力は、わが国が世界の食料安全保障に対して最も目にみえる形で貢献できる役割である。わが国は、①持続可能な食料システムの構築の促進、②安定的な農産物市場・貿易システムの形成、③脆弱な人々に対する支援・セーフティネット、④気候変動や自然災害などの緊急事態に備えた体制づくり、を世界の食料安全保障の強化へ向けた柱として、さまざまな取り組みを実施してきた（外務省，2020）。概ねわが国の国際農業協力もこの柱を中核において展開してきたといえる。国際農業協力には、政府、（独立行政法人）国際協力機構（JICA）のような国際協力機関、民間企業、NGOなどの主体が関わり、協力の形態も、無償資金協力、有償資金協力、

技術協力、食料援助、人材教育、民間投資によるインフラ整備やフードサプライチェーンに連なる本邦企業の現地企業との事業提携などさまざまである。政府ベースでは、G7/G8、G20、APECなど国際フォーラムの場において上述した①から④の柱に関する方向性や取り組みの枠組みなどが議論され、またFAO、WFP、国際農業開発基金（IFAD）、国際穀物理事会（IGC）、国際農業研究協議グループ（CGIAR）など食料安全保障に関係する国際機関に対しては、資金の拠出、人材の派遣、途上国農業・農村開発プロジェクトや小農への支援活動、緊急食料支援、穀物の貿易に関わる国際協力の促進、そして途上国の食料増産および農林水産業の持続可能な生産と生産性向上に資する研究などで、一定の役割を果たしている。JICAはより現場に即した国際協力事業を展開している。JICAは農村の貧困削減および食料安全保障の確保に向けた取り組みとして、現在、次の５つのクラスター、①小規模農家向け市場志向型農業振興（SHEP）、②フードバリューチェーン構築、③アフリカ稲作振興（CARD）、④水産ブルーエコノミー振興、⑤家畜衛生強化を通じたワンヘルスの推進、を主要な協力パートナーと連携し重点的に推進している[39]。かかる５つの取り組みと密接に関係しながら、特に農業開発が遅れ、食料・栄養不足が深刻な状況におかれているサハラ以南アフリカ地域をターゲットとして、「JICAアフリカ食料安全保障イニシアティブ」が打ち出され、FAOの食料安全保障を決定づける４つの柱と整合させたプロジェクトを実施している（JICA, 2023）。食料生産体制強化（Food Availability）にはアフリカ稲作振興のための共同体（CARD）、農家育成・民間農業開発（Food Access）には小規模農家市場向け市場志向型農業振興（SHEP）、栄養改善の推進（Food Utilization）には食と栄養のアフリカ・イニシアティブ（IFNA）、気候変動対策（Food Stability）には灌漑開発などレジリエンスの強化、がそれぞれ対応している。CARDはわが国の稲作技術をアフリカへ移転・普及し、2030年までにコメの生産量を倍増することを、SHEPは市場で売れる作物生産、利益の上がる農業を通じて農家の姿勢が転換していくことを、IFNAは保健、農業、水衛生の各セクターと連携しながら、食事

の栄養診断、不足する栄養素を補う作物の栽培指導、衛生啓発指導を行うことを、そして気候変動対策は灌漑開発や水利組合の運営能力の強化、農業保険制度の支援、生計手段の多様化や耐候性品種の導入支援により気候変動への適応力を高めることを、それぞれ目指している。このほかにも、日・アフリカ農業イノベーションセンター（AFICAT）や食料安全保障対応ファシリティ（SAFE）を通じて民間企業と連携しながら農業の機械化やバリューチェーンの開発を進めること、食料システムの強化や小規模農家支援に資する民間企業の事業に対して融資枠を設けることなど、民間企業との連携も展開されている。こうした取り組みは、わが国の有する独自性、比較優位性を活かしたものであり、またほかのドナー国との連携でさらに大きな相乗効果が生まれてくるものと期待される。実際にアフリカの食料安全保障の強化において、わが国の支援と協力が大きく寄与していることは間違いない。アフリカ諸国をはじめほかの途上国から多くの研修員をわが国に招いて農業研修を行い母国でその成果を農業開発プロジェクトに活かし、またわが国関係者との人的交流や異なる国の研修員同士の人的ネットワークづくりなどといった人材の能力開発や人的つながりにも寄与している。このほかに種々のNGOがファンドレイジングにより外部から活動資金を獲得して、さまざまな形態や取り組み内容の草の根国際協力を展開している。以上みてきた国際農業協力は、わが国のおかれている立場からみて世界の食料安全保障の強化に向けた国際的責任であり、そのことが翻ってわが国食料安全保障の確保にも跳ね返ってくるのである。

おわりに
―総括に代えて―

　世界は、人口が多くまたその成長率も高い開発途上国の低所得国において栄養不足、食料不安という深刻な問題を抱える一方で、食料・農産物を輸出する先進国やブラジルなどの新興国では質と量ともに十分な食料を供給する能力を有している。中国やインドは概ね国民を養えるほどの食料を供給することは可能であるが、最近では中国で輸入依存度が高まりつつあり、またインドでは貧困世帯を中心に食料不安を抱えている人々が数多く存在する。そして世界全体としては、食料の需要と供給が当面の間はバランスを維持しながら推移していくものと見通されている。

　しかしながら、現在から将来にかけて、人口の増加ならびに紛争による混乱、資源の枯渇と劣化、地球温暖化による気候変動、病虫害や家畜感染症の発生は、今後さらに深刻な様相を示していくものと予想され、世界の食料需給は見通されるほどには楽観できないのではと考えられる。土壌や水など生産資源の枯渇と劣化、気候変動のインパクトなど農業生産を取り巻く制約条件は世界的に共通しているが、それに対する受けとめ方と対応のあり様は、途上国と先進国とでは大きく異なっている。途上国ではこれらの制約条件を厳しく受けとめ、先進国でも深刻に受けとめているが、その程度にはかなり大きな違いがあるように感じられる。それは基本的にレジリエンスの強靭性と対応力の違いにある。その違いはつまるところ資源の枯渇と劣化を回復させまた気候変動の影響を緩和させる技術、投資、研究／開発、制度、政策、人的ならびに組織的な能力が、先進国において途上国よりもはるかに優位にあるからである。無論、先進国といえどもこうした制約条件は今後さらに厳しくなり、対応を誤れば農業生産が減少する事態は十分に起こりうる。途上

国ではこの制約を緩和し軽減するほどの対応力が整っていない。この対応力の違いには、農地整備や灌漑などの農業生産基盤、情報の収集・発信とネットワークおよびそれをもとにした情報のデジタル化などのインフラが不備というところにも求められる。結果的に途上国では、技術や投資をそれほど要さない気候変動対応型農業なり、土壌など資源を回復させつつ生産性を向上させる環境再生型農業へ向かわざるをえない。それでもこうした農業のあり方をもってして増加する人口を養うほど農業生産が劇的に増加するとは想定しにくい。したがって、これらのアプローチとともに農地制約のもとで収量を引き上げるためのインフラの整備ならびに技術の開発と普及、消費者ニーズに対応した農業生産にいままで以上に注力していかなければならない。そのためには、今後とも先進国や農業開発に関係する国際機関からの協力、民間企業からの海外農業投資を必要とする。不足する食料は先進国から輸入しまた備蓄を取り崩していくほかないが、外貨の制約で不足分を補充しきれないし、備蓄も十分ではない。途上国のなかでも東南アジア諸国といった中・高所得国では、開発された技術と投資により食料需要の高度化に対応した多様な農業生産が展開されていくであろう。その場合はフードバリューチェーン戦略が重要なモメンタムとなって進んでいくものと考えられる。

　食料・農産物を輸出する先進国では、資源や環境の保全に配慮し気候変動に適応したレジリエンスの高い農業が今後さらに重要となるが、合わせて農業起源の温室効果ガス排出量や食品ロスの削減が求められる。ここでの大きな問題の一つは農業就業者の減少とその高齢化である。デジタル技術やロボットの活用でそれに代替し、またデジタル技術を備えた大型の機械や施設の大規模農場での利用が、高い収益性を確保しつつ高い生産性を維持できるかが切実な課題である。また農業生産部門を前後して連結するフードバリューチェーンの持つ諸機能の発揮が重要な決め手になる。

　食料・農産物の輸出を主導する先進国が、さまざまな貿易取引の枠組みや規則・規定に沿いながら、輸入国の食料と農業の事情に配慮しつつ安定的に食料・農産物を供給できるかが、グローバルな視点からみて世界の食料安全

保障を大きく左右する。わが国の食料安全保障は、改正された食料・農業・農村基本法のなかで、食料の安定供給を担う生産性の高い農業経営体を育成・確保することが基本的に重要な命題であると同時に、輸出と投資による海外への事業展開、輸入の安定確保、適正水準の備蓄、そして適正な価格形成の実現を、食料安全保障の不可欠の要素としている。経営体の育成・確保には労働力の確保と高い収益性が求められ、海外との関係も貿易と投資の適正なルールづくりが前提である。わが国が世界の食料安全保障に貢献できるのは、食料の備蓄体制づくり、気候変動への技術対応、そして国際農業協力である。備蓄は食料需給の調整に、気候変動への技術対応は農業生産の安定とレジリエンスの強化に、そして国際農業協力は途上国の食料増産にそれぞれ寄与する。こうした貢献が廻りまわってわが国の食料安全保障に大きな役割を果たすことを肝に銘じるべきである。

　本書は、開発途上国を対象とした農業開発経済学を専門とする筆者が、途上国の食料安全保障を先進国の農産物輸出と海外農業投資、食料安全保障に関わる現状と課題および政策にも触れながらグローバルな視点から取り上げるとともに、わが国が食料安全保障の安定確保を目指すなかで世界の食料安全保障に何を果たすことができるかを、あらためて問い直したものである。まだまだ不十分な記述である点は筆者自身も認めるところである。読者からのご叱正とご指導を賜れれば幸いである。

注：
（１）数値は、国連社会経済局人口課が公表した「世界人口予測2022」に依拠している。
（２）黒海穀物イニシアティブとは、ウクライナの港湾からの穀物及び食品の安全な輸送に関するイニシアティブであり、ロシア、ウクライナ、トルコ、国連の代表が署名している。長友謙治（2023.8），「第２部ロシアのウクライナ侵攻と世界食料需給への影響」，農林水産政策研究所研究成果報告会資料 https://www.maff.go.jp/primaff/koho/seminar/2023/attach/pdf/230829_02.pdf（Accessed.Jan.9.2024）
（３）東京新聞2023.7.21."ウクライナ産穀物、輸出合意からロシア離脱…食糧安保、輸入依存国の危機" https://www.tokyo-np.co.jp/article/264454（Accessed.Jan.9.2024）
（４）（国立研究開発法人）国際農林水産業研究センター 2023.1,「Pick Up 698．肥料入手可能性についての課題」https://www.jircas.go.jp/ja/program/proc/blog/20230118（Accessed.Jan.9.2024）
（５）国土交通省HP．"水資源" https://www.mlit.go.jp/mizukokudo/mizsei/mizukokudo_mizsei_tk2_000021.html（Accessed.Jan.10.2024）
（６）例えば、ワーヘニンゲン大学の研究グループでは、2010－2050年間のグローバルな社会経済と気候変動のシナリオを想定するもとで、長期的な世界食料安全保障の将来見通しを考察するために、系統立てた文献レビューとメタ分析により計量的な予測を行った。Michiel van Dijk and Others（2021），"A meta-analysis of projected global food demand and population at risk of hunger for the period 2010-2050"，*Nature Food*, 2（7），pp.494-501.
（７）FAO 2023.12.29, "Foreign direct investment flows to agriculture 2013-2022", https://www.fao.org/food-agriculture-statistics/data-release/data-release-detail/en/c/1675181/（Accessed.Jan.27.2024）
（８）サハラ以南アフリカでは、農業開発振興のために各国政府が一堂に会して2003年に「農業と食料安全保障に関するマプト―宣言」が、また2007年には「包括的アフリカ農業開発計画」がそれぞれ採択された。
（９）農林水産省は、我が国食産業の海外展開と成長、民間投資と経済協力との連携による途上国の経済成長、食のインフラ輸出と日本食品の輸出環境の整備の推進をねらいとして、2014年にグローバル・フードバリューチェーン推進

官民協議会を省内に設置し、情報の共有、現地ミッションの派遣、官民連携および民間連携を進めている。筆者は2014年から2019年の５ヵ年間その代表を務めた。

(10) OECD, "Global value chains connect producers to consumers across the world", https://www.oecd.org/agriculture/topics/global-value-chains-and-agriculture/ （Accessed.Jan.26.2024）

(11) 作物の総生産量は、穀類、糖類、野菜、油糧種子、果実、イモ類、その他作物の生産量を合計したものである。

(12) Digital Earth Africa, "Agriculture and Food Security", https://www.digitalearthafrica.org/why-digital-earth-africa/agriculture-and-food-security （Accessed.Mar.22.2024）

(13) WFP, "China World Food Programme", https://www.wfp.org/countries/china （Accessed.Mar.25.2024）

(14) ブラジル農牧供給省（MAPA）は、食料の国内需要を満たし輸出可能な余剰を形成するために農業生産の増加とアグリビジネスの開発を促進し、雇用と所得の創出、食料安全保障の促進、社会的包摂、社会的不平等の削減を使命とすると述べている。https://www.abc.gov.br/training/informacoes/InstituicaoMAPA_en.aspx （Accessed.Mar.31.2024）

(15) 環境再生型農業に関する技術開発とその科学的有効性の検証などは、世界の各国で手掛けられている。わが国でも農水省管轄の国際農林水産業研究センター（JIRCAS）が、（公益財団法人）日本財団からの支援を得てガーナで現地の大学、研究機関と一緒にこの研究を進めている。一定の時間を経過して産み出される研究成果は、ガーナをはじめアフリカ諸国の現状に適合するよう現地技術として改変され、その成果が普及のチャネルを通して農家の間に行き渡っていくことが期待されている。

(16) ガーナに活動の拠点をおくDegas社は、小規模農家を対象に種子・肥料の供給、営農指導、収穫物の回収・買い取り、バイヤーへの販売までを一貫して行うネットワークサービスを提供している。この活動を通して農家の生産性向上とカーボン・クレジットを創出する環境再生型農業の展開を目指している。https://www.nikkei.com/compass/company/kGJXbLqAMhfp7A8b5oNbtR （Accessed.Mar.13.2024）

(17) マラウイにおける化学肥料補助金政策はその一つの事例である。この政策の目的は補助金によって化学肥料の購入価格を引き下げて小農の肥料使用量を

増加させ、主食であるトウモロコシの生産性を引き上げて貧困を削減することであった。たびたび補助金の比率が低下したり打ち切られたりして、そのたびにトウモロコシの生産量が減少していった。https://www.jstage.jst.go.jp/article/africareport/44/0/44_32/_pdf/-char/en（Accessed. Mar.14.2024)

(18) FAOが提唱した適正農業規範に沿って基本的に4つの原則が示され、さまざまな種類・規模の農業の現場で適用されることが推奨されている。https://ja.wikipedia.org/wiki/%E9%81%A9%E6%AD%A3%E8%BE%B2%E6%A5%AD%E8%A6%8F%E7%AF%84#:~:text=%E9%81%A9%E6%AD%A3%E8%BE%B2%E6%A5%AD%E8%A6%8F%E7%AF%84%20(%E3%81%A6%E3%81%8D%E3%81%9B%E3%81%84,%E5%AF%A9%E6%9F%BB%E3%83%BB%E8%AA%8D%E8%A8%BC%E3%81%99%E3%82%8B%E4%BB%95%E7%B5%84%E3%81%BF%E3%81%AE（Accessed.Apr.12.2024)

(19) GFSI（Global Food Safety Initiative：世界食品安全イニシアティブ）は、フードサプライチェーンを構成する食品事業者、食品規格に関わる国際機関、認証機関、学術機関など食品安全の専門家が集まり、世界規模で食品安全を改善する活動に取り組んでいる非営利団体。https://www.theconsumergoodsforum.com/jp/gfsi_japan/（Accessed.Apr.12.2024)

(20) カナダのトロント大学にある学際的な研究プログラムであるPROOFは、カナダ統計局が公表した所得調査から2023年の食料不安に関する新しいデータを導き出し、10省870万人（うち子どもが210万人）が食料不安の中で暮らしているとした。Proof（2023），"How many Canadians are affected by household food insecurity?", https://proof.utoronto.ca/food-insecurity/how-many-canadians-are-affected-by-household-food-insecurity/（Accessed.May.5.2024)

(21) The Canadian Encyclopedia, "Agriculture and Food", https://www.thecanadianencyclopedia.ca/en/article/agriculture-and-food（Accessed.May.5.2024)

(22) IFOM Organics Europe, "Food Security Challenges in an EU Context", *EU Food and Farming Policy, and Food Security*, https://read.organicseurope.bio/publication/eu-food-and-farming-policy-and-food-security/food-security-challenges-in-an-eu-context/（Accessed.May.6.2024)

(23) OECD, "Agriculture and Water Policies: Main Characteristics and Evolution from 2009 to 2019 New Zealand", https://www.oecd.org/agriculture/topics/

注

water-and-agriculture/documents/oecd-water-policies-country-note-new-zealand.pdf（Accessed.May.8.2024）

(24) FAOロシア連邦連絡事務所の資料による。"The Russian Federation at a glance", https://www.fao.org/russian-federation/fao-and-russia/the-russian-federation-at-a-glance/en#:~:text=The%20Russian%20Federation%20is%20a,USD%2037.7%20billion%20in%202021.（Accessed.May.9.2024）

(25) Climate Change Post, "Agriculture and Horticulture Russia", https://www.climatechangepost.com/russia/agriculture-and- horticulture/（Accessed.May.9.2024）

(26) アメリカ農務省（USDA）によると、"Trade Policies and Procedures"と題した記事のなかで、農産物貿易プログラムは、アメリカ産食料・農産物の販路の開発・拡大、国際的な食料支援の提供、国内消費者向けに国内では生産されていない多様な農産物の輸入を通じた確保とその手ごろな価格での設定を目的としているとしている。
https://www.usda.gov/topics/trade/trade-policies-and-procedures#:~:text=U.S.%20agricultural%20trade%20programs%20are,including%20those%20not%20produced%20domestically.（Accessed.Apr.28.2024）

(27) OECD, "Monitoring the changing landscape of agricultural markets and trade"https://www.oecd.org/agriculture/topics/agricultural-trade/（Accessed.May.1.2024）

(28) USDA, "Agricultural Policy: The Office of Agricultural Policy supports American agriculture while protecting U.S. national security", https://www.state.gov/agricultural-policy/（Accessed.Apr.21.2024）

(29) The Guelph Statementは以下に依拠
https://agriculture.canada.ca/sites/default/files/documents/202111/24172_fpt_policy_placemat_en_V15a.pdf（Accessed.Apr.19.2024）

(30) Farm to Fork戦略は、持続可能な食料システムへの移行を加速させることを目的とし、農業が環境に中立的また肯定的な影響を与えること、気候変動を緩和しその影響への適応を支援すること、生物多様性の損失を逆転させること、食料安全保障、栄養、公衆衛生を確保し、すべての人が十分で、安全で、栄養価が高く、持続可能な食料にアクセスできるようにすること、より公平な経済的利益を生み出し、EUの供給部門の競争力を育成し、公正な貿易を促進しながら、食料の手ごろな価格を維持することを掲げている。

139

(31) 食料・農業・農村政策審議会答申　令和5年9月　https://www.maff.go.jp/j/basiclaw/（Accessed.May.17.2024）
(32) 農林水産省「みどりの食料システム戦略」は令和4年5月公布、同年7月施行にされた。その概要については、「みどりの食料システム戦略（概要）」に示されている。https://www.maff.go.jp/j/seisan/kankyo/yuuki/attach/pdf/jichinet-73.pdf（Accessed.May.24.2024）
(33)（国立研究開発法人）国立環境研究所,「主要分野3（農林水産業）気候変動により深刻化する農林水産業への影響」https://adaptation-platform.nies.go.jp/climate_change_adapt/adapt/a-0204/index.html（Accessed.May.25.2024）
(34) わが国からは、国連食料システムサミットの場で、世界のよりよい「食料システム」の構築に取り組んでいくとして、①生産性の向上と持続可能性の両立、②自由で公正な貿易の維持・強化、③各国・地域の気候風土、食文化を踏まえたアプローチ、という3点が強調され、「みどりの食料システム戦略」を通じて持続可能な食料システムの構築を進めていく旨の発言があった。https://www.maff.go.jp/j/kokusai/kokusei/kanren_sesaku/FAO/fss.html（Accessed.May.31.2024）
(35) 損益分岐点の説明はつぎの資料に依拠した。「会計の基礎知識：損益分岐点とは？　エクセルで損益分岐点を計算する方法」https://www.freee.co.jp/kb/kb-accounting/excel_breakeven_point/（Accessed.Jun.2.2024）
(36) 農林水産省が公表した有機農業取り組み面積の推移（2010年～2020年）とみどりの食料システム戦略に基づく2030年の目標については、2022年7月19日付の農業協同組合新聞に掲載された。https://www.jacom.or.jp/nousei/news/2022/07/220719-60426.php（Accessed.Jun.5.2024）
(37) JETRO,「投資協定とは」https://www.jetro.go.jp/theme/wto-fta/investment.html(Accessed.Jun.12.2024)
(38) 農林水産省,「アセアン+3緊急米備蓄体制確立事業［拡充］https://www.maff.go.jp/j/kokusai/kokkyo/oda28/pdf/h28_9_asean4_apterr.pdf（Accessed.Jun.12.2024）
(39) JICA,「農業開発／農村開発―事業について」https://www.jica.go.jp/activities/issues/agricul/index.html（Accessed.Jun.14.2024）

参考文献：

ABARES (2024), "Snapshot of Australian Agriculture 2024", https://www.agriculture.gov.au/abares/products/insights/snapshot-of-australian-agriculture (Accessed.May.7.2024)

Alan Matthews, Luca Salvatici, and Margherita Scoppola (2017), "Trade Impacts of Agricultural Support in the EU", *International Agricultural Trade Research Consortium Commissioned Paper No.19.* 116p.

Anna Wellensten & Martin Van Nieuwkoop (2021), "A sustainable future for agriculture in Latin America and the Caribbean is in our hands. Let's make it happen!", WORLD BANK BLOGS, https://blogs.worldbank.org/en/latinamerica/sustainable-future-agriculture-latin-america-and-caribbean-our-hands-lets-make-it (Accessed.Mar.28.2024)

Asian Development Bank (2023), "Agriculture and Food Security", https://www.adb.org/what-we-do/topics/agriculture (Accessed.Mar.24.2024)

Australian Government, Department of Agriculture, Water and the Environment (2022), *Delivering Ag2030*, 30p.

Azimzhan Khitakhunov (2020), "An Overview of Agricultural Development of Russia", *Eurasian Research Institute*, Akhmet Yassawi University. https://www.eurasian-research.org/publication/an-overview-of-agricultural-development-of-ussia/ (Accessed.May.9.2024)

BDO India (2023), "Overview of the Indian agriculture, livestock and food processing sector: Opportunities, Challenges & Way Forward", *BDO India LLP*, 65p.

Berna Dogan (2022), "Does FDI in agriculture promote food security in developing countries? The role of land governance", *TRANSNATIONAL CORPORATIONS*, 29 (2), pp.47-74.

Bernard Bourget (2024), "The various causes of the agricultural crisis in Europe", Foundation Robert Schuman, https://www.robert-schuman.eu/en/european-issues/738-the-various-causes-of-the-agricultural-crisis-in- europe (Accessed.May.6.2024)

Center for Sustainable Systems (2023), "U.S. Food System Factsheet", https://css.umich.edu/publications/factsheets/food/us-food-system-factsheet (Accessed.May.4.2024)

141

Committee on World Food Security (2020), *Food Security and Nutrition Building a Global Narrative Towards 2030*, 91p.

Center for Strategic & International Studies (2024), "China's Food Security: Key Challenges and Emerging Policy Responses", https://www.csis.org/analysis/chinas-food-security-key-challenges-and-emerging-policy-responses (Accessed. Mar.25.2024)

David R. Montgomery (2017), *Growing a Revolution: Bringing our Soil Back to Life*, W.W. Norton & Company, Inc. デイビット・モントゴメリー著　片岡夏実訳 (2018),『土・牛・微生物：文明の衰退を食い止める土の話』築地書房、343p.

Douglas Okwatch (2024), "Laying foundation for digital revolution in Africa's food systems. Africa Renewal", https://www.un.org/africarenewal/magazine/january-2024/laying-foundation-digital-revolution-africa%E2%80%99s-food-systems (Accessed.Mar.22.2024)

Emiko Fukase & Will Martin (2017), "Economic Growth, Convergence, and World Food Demand and Supply", *Policy Research Working Paper 8257*, World Bank Group, 45p.

江藤恭輔 (2012),「海外農業投資の動向と日系企業のビジネスチャンス」『Monthly Review』, pp.1-2.

EU (2022), *Common Agricultural Policy for 2023-2027: 28 CAP Strategic Plans at a glance*, 12p.

European Commission (2024), "The World Trade Organization and EU agriculture ", https://agriculture.ec.europa.eu/international/agricultural-trade_en (Accessed.Apr.28.2024)

FAO (2003), *World agriculture: Towards 2015/2030 An FAO Perspective*, 432p.

FAO (2006), *Food Security, Policy Brief, June 2006 Issue 2*, 4p.

FAO (2009), "Global agricultural towards 2050, HOW TO FEED THE WORLD, High-Level Expert Forum". pp.1-4. https://www.fao.org/fileadmin/templates/wsfs/docs/Issues_papers/HLEF2050_Global_Agriculture.pdf (Accessed. Jan.19.2024)

FAO (2018a), "State of Food and Agriculture in Africa: Future Prospects and Emerging Issues", *FAO Regional Conference for Africa*, 13p.

FAO (2018b), *Climate-Smart Agriculture: Case studies 2018-Successful approaches from different regions-*, 45p.

参考文献

FAOSTAT（2023）, *Statistical Yearbook: World Food and Agriculture 2023.*

FAO, IFAD, UNICEF, WFP and WHO（2023a）, *The State of Food Security and Nutrition in the World 2023: Urbanization, agrifood systems transformation and healthy diets across the rural-urban continuum*, 286p.

FAO（2023b）, *Asia and the Pacific Regional Overview of Food Security and Nutrition*, 148p.

FAO, IFAD, PAHO, Pan American Health Organization, World Health Organization, UNICEF, World Food Programme（2023c）, *Regional Overview of Food Security and Nutrition in Latin America and the Caribbean: Toward Improving Affordability of Health Diets 2022*, 140p.

Francesco Rampa, Olivier de Schutter, Sean Woolfrey, Nick Jacobs, San Bilal, Jeske van Seters, and Emile Frison（2020）, "EU trade policy for sustainable food systems", *ECDPM, International Panel of Experts on Sustainable Food Systems*, 7p.

外務省（2020）,「日本と世界の食料安全保障」https://www.mofa.go.jp/mofaj/files/000022442.pdf（Accessed.Jun.14.2024）

Government of Canada（2023）, "Overview of Canada's agriculture and agri-food sector", https://agriculture.canada.ca/en/sector/overview（Accessed.Apr.19.2024）

Hunger Zero（2023）,「世界食料デー　水資源の枯渇が課題」『世界の飢餓ニュース』

Irina Baranova & Lyudmila Borisova（2023）, "Food security of Russia in modern condition", *E3S Web of Conferences 402, 09015*, pp.1-9.

板垣啓四郎（2023）,『途上国農業開発論』筑波書房、170p.

Jim Grueff（2013）, "U.S. Agricultural Trade Policy: Current Perspective and Objectives", *Presentation for the MAFF Policy Research Institute*, Tokyo, Japan, https://www.maff.go.jp/primaff/koho/seminar/2013/attach/pdf/131031_01.pdf（Accessed.Apr.27.2024）

Josh Lipsky & Mrugank Bhusari（2024）, "Brazil aims to advance its bid for leadership of the Global South through food security", *Econographics*, https://www.atlanticcouncil.org/blogs/econographics/brazil-aims-to-advance-its-bid-for-leadership-of-the-global-south-through-food-security/（Accessed.Mar.30.2024）

JICA（2023）,「JICAアフリカ食料安全保障イニシアティブ」https://www.jica.go.jp/activities/issues/agricul/index.html（Accessed.Jun.14.2024）

JIRCAS（2022），"667.Global Fertilizer Market and Policy Trends", https://www.jircas.go.jp/en/program/proc/blog/20221129（Accessed.Jan.9.2024）

Kevin Dong, Malie Pytherch, Lily McElewee, Patricia Kim, Jude Blanchette, and Ryan Hass（2024），"China's Food Security: Key Challenges and Emerging Policy Responses", *CENTER FOR STRATEGIC & INTERNATIONAL STUDIES*, https://www.csis.org/analysis/chinas-food-security-key-challenges-and-emerging-policy-responses（Accessed.Mar.25.2024）

小泉達治（2023），「OECD-FAO農業見通し2023-32の概要」『砂糖類・でん粉情報』，農畜産業振興機構，pp.65-70．原著はOECD-FAO（2023），*Agricultural Outlook 2023-32.*

Ministry for Primary Industries（2017），*New Zealand Agriculture: A Policy Perspective*, 8p.

Ministry of Agriculture and Agri-Food（2020），*Agriculture 2020: Challenges and Opportunities*, 3p.

Ministry of Agriculture and Agri-Food（2022），"Agriculture and Agri-Food Canada 2021-22", *Departmental Results Report*, 69p.

Ministry for Primary Industries（2023），"The Future of Aotearoa New Zealand's Food Sector Exploring Demand Opportunities in the Year 2050", *Draft Long-Term Insights Briefing, Not Government Policy, Ministry for Primary Industries.* 45p.

Nadezhda Orlova, Evgenia Serova, Vladimir Popov, and Marina Petukhova（2023），"Key Areas of the Agricultural Science Development in Russia in the Context of Global Trends and Challenges", https://link.springer.com/chapter/10.1007/978-3-031-15703-5_42（Accessed.May.9.2024）

農林水産省（2019），「2050年における世界の食料需給見通し―世界の超長期食料需給予測システムによる予測結果」https://www.maff.go.jp/j/zyukyu/jki/j_zyukyu_mitosi/attach/pdf/index-12.pdf（Accessed.Jan.19.2024）

農林水産省（2020），「気候変動に対する農林水産省の取り組み」https://www.maff.go.jp/j/kanbo/kankyo/seisaku/GR/attach/pdf/s_win_abs-69.pdf（Accessed.May.25.2024）

農林水産省（2022），「担い手への農地の集積・集約（農地利用最適化交付金等）」https://www.gyoukaku.go.jp/review/aki/R04/img/2_2_1_nousui.pdf（Accessed.Jun.4.2024）

参考文献

農林水産省（2024a），「農業分野のカーボン・クレジットの取り組み推進に係る最終調査結　果　」https://www.maff.go.jp/j/kanbo/kankyo/seisaku/climate/jcredit/attach/pdf/240417_3-1.pdf（Accessed.Jun.5.2024）

農林水産省（2024b），「COP28における食料システム・農業に関する首脳宣言　エミレーツ宣言概要」https://www.maff.go.jp/j/kokusai/kokusei/kanren_sesaku/COP28.html（Accessed.Jun.12.2024）

OECD（2021），"Agricultural Policy Monitoring and Evaluation 2021 Addressing the Challenges Facing Food Systems", https://www.oecd-ilibrary.org/sites/ed982f42-n/index.html?itemId=/content/component/ed982f42-en（Accessed.Apr.18.2024）

OECD（2022a），"The impacts and policy implications of Russia's aggression against Ukraine on agricultural markets", https://www.oecd.org/ukraine-hub/policy-responses/the-impacts-and-policy-implications-of-russia-s-aggression-against-ukraine-on-agricultural-markets-0030a4cd/（Accessed.Apr.19.2024）

OECD（2022b），"Agricultural Policy Monitoring and Evaluation 2022: Reforming Agricultural Policies for Climate Change Mitigation", https://www.oecd-ilibrary.org/sites/7f6276aa-en/index.html?itemId=/content/component/7f6276aa-en（Accessed.Apr.16.2024）

Paul Dalziel, Caroline Saunders, and John Saunders（2018），"The New Zealand Food and Fibre Sector: A Situational Analysis", *Agribusiness and Economics Research Unit*, Lincoln University, 58p.

Potapov. P., Turubanova, S., Hansen, M.C., Peter Potapov, Svetlana Turbanova, Matthew C. Hansen, Alexandra, Tyukavina, Viviana Zalles, Ahmad Khan, Xiao-Peng Song, Amy Pickens, Quan Shen, and Jocelyn Cortez（2022），"Global maps of cropland extent and change show accelerated cropland expansion in the twenty-first century", *Nat Food 3*, pp.19-28.

Pushpanathan Sundram（2023），"Food Security in ASEAN: Progress, challenges and future", *Frontiers in Sustainable Food System*, Vol.7, pp.1-14.

Renée Johnson, Andres B. Schwarzenberg（2020），*U.S.-EU Trade Agreement Negotiations: Trade in Food and Agricultural Products*, Congressional Research Service, 24p.

Richard Bloomfield（2023），"Canada's agricultural policies need to better serve local farmers and communities", *THE CONVERSATION*, https://theconversation.

com/canadas-agricultural-policies-need-to-better-serve-local-farmers-and-communities-218338（Accessed.May.5.2024）

RNZ（2023），"Agriculture sector facing difficult economic conditions - Reserve Bank", https://www.rnz.co.nz/news/business/501029/agriculture-sector-facing-difficult-economic-conditions-reserve-bank（Accessed.May.8.2024）

Ron Sands, Birgit Meade, James L. Seale, Jr., Sherman Robinson, and Riley Seeger（2023），"Scenarios of Global Food Consumption: Implications for Agriculture", *Economic Research Report No.（ERR-323）*, USDA, 58p.

Renée Johnson, Andres B. Schwarzenberg（2020），"U.S.-EU Trade Agreement Negotiations: Trade in Food and Agricultural Products", *Congressional Research Service Report*, 24p.

Statista（2024），"Agriculture in Latin America and the Caribbean - statistics & facts. P. Navarro Villa", https://www.statista.com/topics/11925/agriculture-in-latin-america/#:~:text=Agriculture%20plays%20an%20important%20role,20%20percent%20of%20the%20GDP.（Accessed.Mar.28.2024）

Stephen Meredith, Ben Allen, Elisa Kollenda, Anne Maréchal, Kaley Hart, Jean-Francois Hulot, Ana Frelih Larsen, and Stephanie Wunder（2021），"European food and agriculture in a new paradigm", *Institute European Environmental Policy & Ecologic Institute*, 33p.

Swathi Satish（2023），"Food Security in India", ClearIAS com, https://www.clearias.com/food-security-in-india/（Accessed.Mar.26.2024）

寺本宗正（2017），「地球温暖化で土壌から排出される二酸化炭素の量がどれだけ増えるのか」『国立環境研究所ニュース』, 36（3）.

United States Environmental Protection Agency（2023），"Climate Change Impacts on Agriculture and Food Supply", https://www.epa.gov/climateimpacts/climate-change-impacts-agriculture-and-food-supply（Accessed.May.4.2024）

USDA（2022），*Strategic Plan Fiscal Years 2022-2026*. 49p.

USDA（2024），"U.S. Agricultural Trade at a Glance", https://www.ers.usda.gov/topics/international-markets-u-s- trade/u-s-agricultural-trade/u-s-agricultural-trade-at-a-glance/（Accessed.May.1.2024）

WFP（2021），*Hunger Map 2021*.

Will Snell（2022），"U.S. Ag Exports/Trade Policy Update as of June 2022", Martin-Gatton College of Agriculture, Food and Environment,

参考文献

https://agecon.ca.uky.edu/us-ag-exportstrade-policy-update-june-2022（Accessed. Apr.28.2024）

World Bank（2017）, *Russia: Policies for Agri-Food Sector Competitiveness and Investment, Agriculture Global Practice*, The World Bank Group, 51p.

World Bank（2020）, "Agricultural and Food Systems in Latin America and the Caribbean Poised for Transformational Changes", https://www.worldbank.org/en/news/press-release/2020/11/12/agriculture-food-systems-latin-america-caribbean-changes（Accessed.Mar.28.2024）

WTO（2024）, "Charts - World trade in agricultural products", https://www.wto.org/english/tratop_e/agric_e/ag_imp_exp_charts_e.htm（Accessed.Jan.22.2024）

Yu Chen & Siying Jia（2023）, "Climate change threatens China's food security. EAST ASIA FORUM", https://eastasiaforum.org/2023/09/02/climate-change-threatens-chinas-food-security/（Accessed.Mar.25.2024）

Yuri Clements Daglia Calil & Luis Ribera（2019）, "Brazil's Agricultural Production and Its Potential as Global Food Supplier", *CHOICES*, Agricultural & Applied Economics Association, https://www.choicesmagazine.org/choices-magazine/theme-articles/the-agricultural-production-potential-of-latin-american-implications-for-global-food-supply-and-trade/brazils-agricultural-production-and-its-potential-as-global-food-supplier（Accessed.Mar,30.2024）

147

著者紹介

板垣啓四郎（いたがき　けいしろう）
　1955年　鹿児島県生まれ
東京農業大学名誉教授、(公益財団法人) 日本財団特別顧問
専門は農業開発経済学。博士（農業経済学）
主要な著書として、G.W.ノートンほか共著、板垣啓四郎訳『農業開発の経済学』（青山社、2012年）、日本国際地域開発学会編『国際地域開発の新たな展開』（筑波書房、2016年）、板垣啓四郎著『途上国農業開発論』（筑波書房、2023年）など。
　その他開発途上国の農業開発および国際農業協力に関する著書、論文、講演など多数。

世界の食料安全保障

わが国の食料と農業を取り巻く国際環境

2024年11月15日　第1版第1刷発行

著　者	板垣　啓四郎
発行者	鶴見　治彦
発行所	筑波書房

東京都新宿区神楽坂2-16-5
〒162-0825
電話03（3267）8599
郵便振替00150-3-39715
http://www.tsukuba-shobo.co.jp

定価は表紙に示してあります

印刷／製本　平河工業社
© 2024 Printed in Japan
ISBN978-4-8119-0683-6 C3033